静心

战胜焦虑、抑郁的心理策略

陈　赞◎著

中国商业出版社

图书在版编目（CIP）数据

静心 / 陈赞著 . -- 北京 : 中国商业出版社 ,
2018.3（2023.9重印）
ISBN 978-7-5208-0202-4

Ⅰ . ①静… Ⅱ . ①陈… Ⅲ . ①人生哲学－通俗读物
Ⅳ . ①B821-49

中国版本图书馆 CIP 数据核字（2018）第 015851 号

责任编辑：朱丽丽

中国商业出版社出版发行
（www.zgsycb.com 100053 北京广安门内报国寺1号）
总编室：010-63180647 编辑室：010-63033100
发行部：010-83120835 / 8286
新华书店经销
三河市宏顺兴印刷有限公司印刷
*
710毫米×1000毫米 16开 15印张 200 千字
2018年5月第1版 2023年9月第10次印刷
定价：38.00元
* * * *
（如有印装质量问题可更换）

| 序言 |

控制好心境是情商的最高境界

英国著名诗人威廉·亨利在他的预言诗中写道："我自己的命运由我主宰，我的精神支柱是我自己。"他想必是要告知我们：我们之所以是自己命运的主宰、自己精神的支柱，是因为我们拥有掌控自己心灵的能力。

拿破仑·希尔曾经采访过数百位成功人士，发现他们的内心对成功都是全神贯注的。其中有的人学历很高，有的人显然对所谓的"学校教育"毫无涉猎，比如亨利·福特。这些人之所以有力量把自己的心灵运用得这么有活力、有效果，从来就不是因为有没有受过正规教育，也不是靠过人的智慧。

那么，是什么激励了他们的内心去认定伟大的目标，然后筛选所有的人生处境，并善用能帮助自己施展抱负、达成梦想的条件？那就是成功意识。进一步研究发现，找到成功意识，首先必须了解自己的内心，善于控制自己的心境。

显然，内心的平静所涵盖的范围大得出奇，把它运用在各个方面，就能帮助我们成功，然后将成功扩及其他层面。任何人都无法否认，内心平静有助于我们依照自己的条件和所选择的价值观来生活，并且让每天的生活变得更加富足与美好。

心静是一种态度，是经历暴风雨后的安适；心静是一道风景，是清凉月夜中深沉的高山、徐徐的清风。心静如流水，能涤清抑郁不安和疲惫不堪；心静如山石，能磨去滞锈，使才智闪光；心静如天籁，能使人心智清明；心静如星月，能使人心地宽广；心静如林中的小路，让人悠然自得。

“一个人如果能够控制自己的心境，那他就胜过国王。”心境的控制，最难的一点莫过于静心。在纷繁复杂的现代社会，只有能保持内心平静的人，才会有快乐和幸福。

你是不是因为脾气火暴，会莫名地大发雷霆？

你是不是因为贪图名利，忘记了初心？

你是不是因为过分计较，失去了曾经的朋友？

你是不是因为急于求成，常常半途而废？

你是不是因为不善独处，无法体会一个人的美好？

你是不是因为消极悲观，有“受害者心理”？

你是不是因为持有偏见，在错误的道路上越走越远？

你是不是因为心浮气躁，搞砸过很多事？

你是不是因为嫉贤妒能，在攀比中迷失自我？

……

世界从来不会对一个心静的人喧嚣，生活从来不让一个心静的人彷徨。心静了，便能化解所有的喧嚣与无奈；心静了，幸福便不再遥远。在任何时候，在任何地方，面对任何境遇，静心让我们看透一切，在自观中走向觉悟，让生命得到洗礼。

本书融合世界上最伟大的励志成功大师拿破仑·希尔的人生理念，引导读者进行一次自我观照、自我发现、自我提升的心灵之旅，在静心体悟之后活出内在的力量。

在浮躁毁了你之前，让心静下来。不焦虑，不生气，不抱怨，不逃避，不悲观，不自欺，不急躁，不迷茫……一切都慢慢来，将心沉浸在此时此刻。你会发现，完美的静，就是完美的力量。

目录

第01章　不焦虑　你只负责向前，时间会把你变优秀

你是否在“自寻烦恼”…… 003

不因心境欠佳做出过激行为…… 005

及时排除情感垃圾…… 007

耐心等待，凡事不可急于求成…… 009

生活中别给自己太大的压力…… 011

内心安静下来便再无忧虑…… 013

贪念太多，让人生变成灾难…… 014

第02章　不生气　愤怒是拿别人的错误惩罚自己

愤怒源于对现实的无能为力…… 019

请牢记，冲动是魔鬼…… 020

不能控制愤怒就无法掌控人生…… 022

别让坏脾气毁了你…… 024

修炼一颗淡定的心…… 026

拥有宠辱不惊的平静心…… 027

第03章　不抱怨　心情不好时要寻找感谢的理由

世间本无好坏，只是想法使然…… 033

改变消极的思维模式…… 035

永远不要等别人来成全你…… 037

越抱怨，生活越不幸…… 039

懂得感恩才知道什么是快乐…… 041

计较越多失去的也越多…… 042

坦然面对人生的悲欢离合…… 044

第04章　不逃避　别在最能吃苦的年纪，选择了安逸

驱除内心的无力感…… 051

无力改变事实，那就改变态度…… 053

最糟糕的局面不过是从头再来…… 054

始终保持被激励的状态…… 056

发掘自己身上的“宝藏”…… 058

勇于逾越自己的心理高度…… 059

第05章　不悲观　生命只是一场体验，没有谁是谁的永远

主观幸福感强的人更快乐…… 065

善于与痛苦的情绪相处…… 067

借助“精神想象操”变得更乐观…… 069

学会忘记痛苦和不愉快…… 071

同理心太强的人更容易情绪化…… 073

充满鲜花的世界在自己心里…… 075

苦难和困难都是一时的…… 076

第06章　不自欺　你所谓的稳定，不过是在浪费生命

及时转弯才能避免出局…… 081

避开没有意义的坚持…… 083

大胆走出思维舒适区…… 085

仇恨别人其实是伤害自己…… 087

一定要远离负能量的人…… 089

无论何时都要看到希望…… 091

第07章　不急躁　接受生活的礼物，不论好与坏

患得患失的人无法内心安宁…… 097

发现并欣赏生活中的美…… 099

心境变好了，世界也就变好了…… 100

耐力比激情更重要…… 102

成功是失败的罪魁祸首…… 104

抄近路往往是最远的路…… 106

第08章　不迷茫　无论身处何地，全然地安于当下

不让错误和烦恼左右心情…… 111

坦然面对眼前的一切…… 113

打开心结才能走得更远…… 114

请珍惜眼前的好时光…… 116

扔掉虚荣才不会迷失自我…… 118

与其遥望未来，不如珍惜眼前人…… 120

好好活着就是最大的幸福…… 122

第09章　不害怕　在输得起的年纪，遇见勇敢的自己

不要让恐惧成为一种习惯…………………… 127

情绪处于低谷时，学会用左手温暖右手……… 128

内心强大，你就无坚不摧…………………… 130

承认恐惧是接受恐惧的开始………………… 132

世界上最大的谎言是你不行………………… 134

感谢勇敢和坚强的自己……………………… 136

第10章　不后悔　事情已经发生了，不妨坦然接受

别在意那些抓不住的东西…………………… 141

不妨让人生留一点缺憾……………………… 143

既要学会怀念，也要学会忘记……………… 144

聪明人都拿得起放得下……………………… 146

冲动的时候要踩急刹车……………………… 149

得意忘形的时候往往最危险………………… 151

第11章　不怀疑　所有的成长，都是因为站对了地方

永远做一个情商高的人……………………… 157

态度决定一切………………………………… 159

给自己一个合理的定位……………………… 161

别人贪婪时，你要谨慎……………………… 163

第12章　不寂寞　自我的力量觉醒让你变得更强大

时刻保持空杯归零心态……………………… 167

精彩的人生平凡却不平庸…………………… 169

克制内心强烈的表现欲……………………… 171

不过分奢求才有长久的幸福 …………………… 173
有主见的人始终保持定力 …………………… 175
去拥抱世界，也别忘了回家 …………………… 177
第13章　不纠结　放宽心，愿你在这一刻能随心而活
想清楚自己到底需要什么 …………………… 181
“不完美”才美 …………………… 183
坦然面对不可挽回的东西 …………………… 185
理解和包容你身边的人 …………………… 187
遇事有主见才会不失分寸 …………………… 188
忘记失败带来的伤痛 …………………… 191
身上不要永远背着仇恨袋 …………………… 193
第14章　不妒忌　永远不在自己的世界里羡慕别人
尝试着改变一下心性 …………………… 197
完善自己胜过忌妒别人 …………………… 199
攀比很容易导致心理失衡 …………………… 201
相信自己不是无用之人 …………………… 203
不参与纷争才能独善其身 …………………… 204
第15章　不偏狭　决定你上限的不是能力，而是格局
摒弃那些拖后腿的成见 …………………… 209
懂得回头是一种重要能力 …………………… 210
了解一切，宽恕一切 …………………… 212
拓展心灵的深度与宽度 …………………… 214
过于较真是一种心理疾病 …………………… 216

第16章 不放弃 世界不曾亏欠每一个努力的人

勇敢昂起自信的头颅…………………………… 221
不放弃就有成功的可能…………………………… 223
培养强大的抗挫折能力…………………………… 224
别让思维惰性毁了你…………………………… 227

第01章 不焦虑

你只负责向前，时间会把你变优秀

生活本身就是一条河。它需要激流，但更多的时候，它是平静向前的。拥有平静之心，才能体会到生活的真谛——不因人事而精疲力竭，不因情感而患得患失。

你是否在“自寻烦恼”

碰到了新情况时，人们往往花过多的时间设想最糟糕的结局，而这等于在预演失败。

心理学家做过一个实验：每周末的晚上，被测试者把未来7天担忧的事情写下来，然后投入一个纸箱里；三周后，心理学家打开纸箱，与被测试者逐一核对每项烦恼，结果其中90%的所担忧的事情并没有真正发生。

随后，心理学家让每个人把剩余的令人担忧的事情写到纸条上，重新丢入纸箱中。又过了三周，再次查看以前担忧过的事，并寻求解决之道。结果，大家开箱后发现，剩下的烦恼已经不再令人忧虑了，因为他们已经有能力应对了。

可以毫不夸张地说，烦恼都是自找的。据统计，生活中的忧虑有40%属于过去，有60%属于未来；而90%从未发生过，剩下的10%都能轻松应付。

33岁的约翰·D.洛克菲勒赚到了人生第一个100万美元。43岁，他建立了标准石油公司，日后发展成世界最大的垄断企业。然而53岁那年，他却因为焦虑、恐惧和高度紧张，身体健康每况愈下。

当时，洛克菲勒患上了严重的失眠症，而且消化不良，精神趋于崩溃。医生警告他，必须在死亡和退休之间做出选择。最终，洛克菲勒选择了退休，并下决心“不在任何情况下为任何事烦恼”。

遵守这一生活准则，洛克菲勒保住了自己的性命。他不再忙于工作，学会了打高尔夫球、唱歌，和邻居聊天，有时间还会打理后院。此外，他还坚持做一些更有意义的事情——把数百万财富捐出去，为更多的人提供帮助。

得知密歇根湖岸边的一家学校因为抵押权而被迫关闭，他立刻展开援救行动，最后将它建设成举世闻名的芝加哥大学。

洛克菲勒尽力帮助黑人，也帮忙消灭十二指肠寄生虫。后来，专门成立了一个庞大的国际性基金会，致力于消灭全世界各地的疾病、文盲及无知。在他的资助下，医学界发现了盘尼西林，并进行了多项技术创新。

当标准石油公司被政府勒令支付史上最重的罚款时，洛克菲勒只是淡淡地说："哦，不用担心，我正准备好好睡一觉。"没有人能想到，多年前他曾因损失 150 美元而卧床不起。

这就是洛克菲勒，经过不懈努力终于克服了人生烦恼，并开创了"死于"53 岁，但一直活到 98 岁的传奇。

人类的情绪多种多样，无论快乐、惊讶、恐惧，还是伤心、愤怒、厌恶，都是日常生活中不可缺少的插曲。然而，产生过多的负面情绪终究不是好事，它会让我们陷入无尽的烦恼中。

比如，听到一句攻击性或侮辱性的话，人的交感神经系统会兴奋起来，体内分泌出肾上腺素，然后心跳加快、血压升高，呼吸变得急促，随之产生愤怒。长期沉浸在负面情绪中，烦恼挥之不去，久而久之会影响身体健康。

真正的快乐与财富、地位、权力没有直接关系。恰恰相反，过分追逐名利、陷于繁杂的事务中会令人情绪失衡、身心疲惫，终日与烦恼为伴。保持良好心境与合理欲望，把烦恼抛在脑后，大部分负面情绪会随之化解，整个人也会变得轻松自在。

事实上，每个人都有七情六欲和喜怒哀乐，烦恼也是人之常情。但是，每个人对待烦恼的态度不同，所以各种负面情绪对人的影响也不一样。积极乐观的人很少自找烦恼，而且善于淡化烦恼，所以活得轻松、洒脱；

而消极悲观的人喜欢自寻烦恼，纠结于某些人和事，终日闷闷不乐。

美国心理治疗专家比尔·利特尔研究发现，习惯把别人的问题揽到自己身上，沉浸在不可能实现的梦里，把矛盾和困难扩大化，盯着消极的一面不放……这样的人经常自寻烦恼，陷入消极的情绪状态中。

人生少不了各种麻烦，但是万万不可自寻烦恼。一旦遇到不顺心的事，不妨勇于承认现实，努力看开一点，积极寻求解决之道，重拾快乐和幸福。请记住一句话：烦恼就像天空的一片乌云，如果心中是一片晴空，那么它不会对你产生任何影响。

不因心境欠佳做出过激行为

自信其实也就是拥有积极的人生观，充分相信自己，朝着自己的目标不断努力。

受到不良情绪的影响，人会心境不佳，做出过激行为，甚至身体出现疾病，让整个人生失控。如果不想成为情绪的奴隶，就要避免情绪化。

经验表明，比能力更重要的是心理素质，一个人是否幸福并有所作为，绝大部分取决于控制情绪的能力。情绪稳定、处变不惊、游刃有余，这样的人才能与快乐为伴，与成功为伍。

人的情绪变化万千，爱、希望、感恩等正面情绪令人愉悦，是获取幸福的关键；愤怒、悲伤、仇恨、恐惧等负面情绪会让一个人失控，无法掌控自己的言行。显然，多一些理性思维和正面情绪，能降低负面情绪的不良影响和破坏作用。

当年，俾斯麦力挽狂澜，带领德国走上强国之路，离不开国王威廉一世的信任与支持。而后者情商极高，善于处理各种不良情绪，显示了一个领导者应有的素养。

有一天，威廉一世回到后宫，气得乱砸东西。王后看到这种情形，关切地问："俾斯麦那个老头子又让你生气了吧？"

"是呀！这个老头太顽固了，根本不把我放在眼里。"威廉一世坐下来，看起来余怒未消，又无可奈何。

听到这里，王后说："国家的君主怎么能忍受大臣的责难呢？干脆罢免了俾斯麦，找一个听话的人替代他。"

可是，威廉一世并不赞同这么做，反而帮俾斯麦说好话："作为大国的首相，他要领导很多人，难免有各种烦恼。他受了气怎么办？只好冲我发泄！我身为一国之君又能怎么办呢？只好摔东西！"

身为一国之君，威廉一世非常清楚俾斯麦对德国的重要意义。因此，即使后者桀骜不驯，他也没有当面大发雷霆，而是回到后宫发泄不满。在俾斯麦面前，威廉一世没有成为不良情绪的俘虏，展示了宽容、识大体的风度，是高情商的表现。

不良情绪极具破坏力和杀伤力，甚至能毁掉一个人。比如，期待已久的晋升机会被另一个同事得到，当事人很容易情绪低落，甚至变得愤怒。如果无法摆脱愤怒，还可能做出过火的举动，让自己陷入厄运。

一个人产生情绪波动，有怎样的内在逻辑呢？研究表明，受到外界刺激，人在心理上会产生三种情绪状态：心境、激情和应激。

第一，心境。这是一种具有感染性、平稳而持久的情绪状态。通常，有怎样的心境就有怎样的情绪体验，并以此看待周围的人和事。比如，伤感时看到秋天的景色会觉得凄凉，就是一种消极的情绪状态。

第二，激情。这是一种快速爆发、短暂而强烈的情绪体验。比如，听到批评声暴跳如雷。在激情状态下，人很容易失去理智，表现出冲动、鲁莽的一面。

第三，应激。这是在意外、紧急情况下产生的适应性反应。比如，一个人遇到危险时会呼吸急促、心跳加快、血压升高。应激状态会消耗人的体力和心理能量，如果持续时间过长容易导致各种疾病。

每天，不良情绪都会乘虚而入，损害我们的心智和健康。时刻保持好心情，不让负面情绪上身，才能拥有好状态。一旦出现过激行为，要注意调控自己的情绪，平复紧张、冲动的心理。

及时排除情感垃圾

一个人成功和失败，往往是其习惯造就的结果。

生活中，许多人抱怨压力大，忧愁多。其实，这些烦恼表明：你在精神生活中背负着许多不必要的“重物”，因此对生活和工作倍感辛劳、无趣。人生在世，生活与工作是绝不轻松的，因为它们本身就意味着一种承担和责任。这时候，如果再额外加上不必要的精神负担，日子就很难过了。

选择放下就在一念之间，但是这一念之间决定的事情，会影响自己当下的状况，甚至影响未来一生。放下那些没用的东西，会减轻负担，让内心多一些快乐，少一些忧虑。当一个人净化了内心，整个人生也会明亮起来。

就像一座房子需要不定时地打扫，才能时时刻刻保证房子的整洁和干净，定期清理内心的情感垃圾和负面情绪，才能活得舒心自在，做事才能有干劲儿。内心承载着太多负荷与压力，整个人会陷入亚健康状态，效率自然低下。

一个年轻人陷入了焦虑状态，他说：“我之所以忧虑是因为我太瘦了，我觉得自己在掉头发，觉得现在过的生活不够好，我很担心给别人的印象不好，总害怕无法做一个好父亲……”

他曾经历过精神崩溃，原因就是他很难接受生活中的不如意。他无法让内心静下来，希望赚很多钱，给未来的妻子和孩子带来美满幸福的生活，希望给所有人都留下好印象。但现实总是很残忍的，他害怕失去女友，害怕工作不够努力，害怕赚不到足够多的金钱……

结果，他的精神压力越来越大，身体状况越来越差。后来，他患上了胃溃疡，内心的忧虑也随之加重，甚至因担心自己会死掉而辞去工作。这个年轻人的情感垃圾太多了，却无法将它们放下，因此每天都生活得很痛苦。他甚至认为，连仁慈的上帝也抛弃了自己。

最后，他决定去旅行。可是，站在一个完全陌生的地方，他仍然没能摆脱坏情绪的困扰，甚至比在家的时候还要烦躁不安。

这时候，他收到了父亲的来信："我相信，无论身体还是精神，你都没问题。之所以会这样，是因为你把生活想象得太理想化了，内心的情感垃圾太多了。"

在教堂里，神父对年轻人说："能征服精神的人，强过能攻城占地的人。"这时，他才认识到坏情绪的根源。第二天，他果断停止旅行回到家乡，重新做回了自己以前的工作。不久，便与深爱的女友组建了家庭。

我们曾经历过很多伤心的事情，有忘不掉的人，有后悔的事情，有错过的时光，有失败的工作。回首过往的经历，总免不了唏嘘感叹。如果这些不良情绪被保存在心里，久久挥之不去，就会严重损耗个人精力。

每个人都渴望拥有幸福的人生，渴望享受天伦之乐，并追求健康长寿。为此，注重饮食，提升生活品质，关心天气变化等，就成了许多人日常生活的主题。除了这些因素之外，还有一点不容忽视，那就是排除情感垃圾，保持心理健康。

消极、负面的情绪是人生路上的绊脚石，果断地清理掉，你才能轻装上阵，走得更快更远更轻松。对失恋的人来说，既然已经无法牵着爱人的手，那就果断放开，虽然会很痛，但是抓在手里会更难受。

在波平如镜的河面上怎会映不出明月？在万里无云的天空怎能没有阳光普照？显然，让自己的心情像风平浪静的水面，让自己的思想像碧空万里的蓝天，而不被负面情绪干扰，生命里才能多一丝亮色和喜悦。

耐心等待，凡事不可急于求成

那些成功的人之所以有现在的地位，就是因为他们出色地完成了一系列小任务。

一个人想事业成功，就必须先学会忍受孤独。潜心静气，才能深入“人迹罕至”的境地，如果过于浮躁，急功近利，就可能适得其反，劳而无功。生活中，许多人投机取巧，这种态度必定会让努力大打折扣，久而久之，影响事业发展，到头来“聪明反被聪明误”。

做事急于求成，失去耐心，往往事与愿违，让自己所有的辛苦都付诸东流。其实，万事万物都有其自身的发展规律，我们做的所有事情都有客观的规矩或限制，所以必须循序渐进。正如一位哲人所说，“违背客观规律的速成就是在绕远道”，只有尊重事物发展规律并付出踏实的努力才能迎来重大胜利。

有个小伙子要与情人约会。小伙子性急，来得太早，又不会等待。他无心欣赏那明媚的阳光、迷人的春色和娇艳的花姿，显得急躁不安，靠在大树下长吁短叹。

忽然，他面前出现了一位老人。老人说：“我知道你为什么闷闷不乐，拿着这纽扣，把它缝在衣服上。在你不得不等待的时候，只要将纽扣向右一转，你就能跳过等待的时间。”

小伙子听了非常高兴，他握着纽扣，试着一转，奇迹出现了——情人已出现在眼前，还朝着他笑。

原来生活可以这么奇妙，小伙子心想，如果现在就举行婚礼，那就更棒了。他又转了一下：隆重的婚礼，丰盛的酒席，他和情人并肩而坐，周围管乐齐鸣，悠扬醉人。他抬起头，盯着妻子的眸子，又想，现在如果只有我俩该多好！他悄悄转了一下纽扣：顿时夜阑人静……

就这样，小伙子心中的愿望层出不穷：我要一座房子。他转动着纽扣：房子一下子飞到眼前，房间宽敞明亮，似乎在迎接主人。我们还缺几个孩子。他又迫不及待地使劲转了一下纽扣：日月如梭，顿时已儿女成群。

很快，他再没有要为之而转动纽扣的事了，因为刚才那个年轻的小伙子已经变成了一个白发苍苍的老头。

回首往事，他追悔自己的性急失算：我不愿等待，一味追求满足，恰如馋嘴人偷吃蛋糕里的葡萄干一样。眼下，因为生命已风烛残年，他才醒悟：即使等待，在生活中也有其意义，因为这样才能使愿望的满足令人高兴。

在生活中，急功近利者并不鲜见，他们凡事追求速度，以至于他们经常在做一件事时还没开始就结束了。急于求成，心态浮躁，往往不会注意做事的品质而常把最简单、最普通的事做得不到位，何况富有挑战性的大事呢？

一位渴望成功的少年，一心想早日成名，于是拜一位拳击高人为师。他问老师要多久才能学成。老师回答："10年。"少年又问如果全力以赴，夜以继日，需要多久？老师回答："那就要30年。"少年还不死心，又问如果拼死修炼要多久，老师回答："70年。"

这里，少年学成并非真的要70年，老师之所以如此回答，是因为看到了少年的心态。少年不惜一切代价想尽快成功，但没有平和的心态，势必会以失败告终。渴望成功、努力追求都没有错，但渴望一夜成名的心态反而会使人欲速不达。

无论学习还是做其他事，都不能忘了踏实的原则，要一步一个脚印往前走。任何急功近利的做法都是不明智的，急于求成的结果，只能适得其反，结果功亏一篑。任何一种本领的获得、一个人生目标的达成都不是一蹴而就的，而是需要一个艰苦历练与奋斗的过程。凡事顺其自然，并不仅仅是你人生路上追逐成功、获得成长应该遵循的原则，更体现了一种随遇而安、不强求的超然态度。

“强求的事难成”，以淡定的心态面对，往往会水到渠成。当然，顺其自然不是一种消极避世的生活态度，而是站在更高层次来俯视生活的一种感觉。

生活中别给自己太大的压力

与世无争是理性的范畴，是心灵的真正胜利。

人生充满了想象与可能，每天都会有很多不确定、无声的念头在脑海中盘旋。当心头的欲念无法达成，或者与期望相差太远，人往往会心生失落，乃至变得焦躁、不安。如果某些不切实际的想法无法抚平，难免生出一些莫名的压力，让情绪变得更糟。

把内心的压力释放出来，就是整理人生的过程。心理学家建议，如果短时间内无法找到合适的人倾诉，你就找一面镜子，对着镜子里的自己说话。通过这种自我对话的方式，可以及时清理脑海中不合理、不合逻辑的思绪，让内心变得轻松自在。

因此，有了压力不要憋在心里，须寻求解决之道，学会放下肩头的重担。不论你是平民还是高阶层人士，这个方法都有效。

很久以前，有一个年轻的国王，他经常忧心忡忡。有一天，他做了一个非常奇怪的梦，梦见自己的牙齿全掉光了。国王醒来之后很焦虑，认为那个梦预示着一些糟糕的事情，于是吃不好饭，也无心处理政务了。

王后看着国王的样子十分心疼，于是找来一个释梦者。起初，国王并不想说出梦的内容，但是禁不住王后的哀求，才向这个释梦者描述自己的梦境。释梦者听完国王的诉说，开心地说道：“陛下，这个梦是一个好兆头啊！您的牙齿一个个掉光，这表示您将比家里的所有人活得都长寿。”

国王听完之后非常高兴，心情也不再郁闷了，重新过上了安定平和的生活。

有时候，压力是一种动力。但凡事不可过度，过大的压力会影响人的身心健康，还会对生活、事业、学习产生消极影响。懂得控制焦虑情绪，避免因为压力过大而影响正常的生活，坦然与自在才能常伴左右。

很多人都有这样的体会，陷入烦恼或者不开心的时候，找朋友倾诉一下，心情就会好很多。其实，这是释放压力的过程。首先，与人交谈本身就是发泄不良情绪的过程，因为把想法憋在心里，往往非常难受。其次，说出内心的真实想法，别人会提出建议，你从而得到启发和借鉴，有助于你脱离眼前的困境。

当你把一件小事看得很重要的时候，可以对自己说：“这件事既不复杂也不重要，不用天天想着。”对某件事情充满疑虑的时候，你可以说：“情况还没搞清楚，不必着急，等问清了原委再说吧！”

千万不要以为这些自言自语的话没用，只要你把内心的想法倾泻出来，就能及时剔除各种负面思想，在释放焦虑情绪的同时增加自信。一个人心情舒畅了，自然会对未来充满希望。

研究表明，言语对身心有很大的安抚作用。从这个角度来看，把压力说出来是一个值得赞同和鼓励的好习惯。脸上时常保持笑容，心情就不会太坏。

感觉眼前的事情千头万绪，并由此变得十分焦虑，不如找一个知心的朋友或者有经验的长辈，抑或是专业的辅导人员，说出自己内心的恐惧和焦虑。把内心的真实想法说出来，再听听别人的意见，自然就容易看清问题的症结所在，找到解决方法，让人生豁然开朗。

内心安静下来便再无忧虑

人们在生活中患得患失，没有片刻安宁，是因为无法让内心平静下来。

今天，我们享受着丰富的物质满足感，同时也因为快节奏的生活和工作承受着各种烦恼。也许，我们的心灵被城市的尘埃蒙蔽了；也许，我们的灵魂被尘世的争斗桎梏了；也许，我们的心灵被暂时的困境包围了，以至于时常感到忧虑。

让心灵在喧闹后有一个平静的乐园，在受伤后得到美好的抚慰，在受困后有一个休整的地方，才不会陷入焦虑。让内心安静下来，获得身心平和的力量，能减少许多不必要的忧虑。

一位奄奄一息的老人微闭着眼睛躺在医院病房的床上。妻子静静地守候在身边，显然老人意识到自己将要离开这个世界了，于是用苍老的手紧紧握着妻子的手，交代了一些后事，并感谢她几十年来对自己体贴入微的照顾。

为了报答妻子的真情，也为了让自己的心灵得到安慰，老人准备把一个深埋在心底的秘密说出来。可是，还没等他开口，妻子就把手指轻轻地按到了他的嘴上，说道："我不需要听什么秘密。在我看来，最大的爱的秘密就是我们能够在茫茫人海中相识、相爱，手牵着手一起走过了50年的风雨历程……"

老人听完感动得热泪盈眶，最后带着那个秘密平静地离开了人世。每个人心中都有难以启齿的秘密，有时候公开内幕会给生活平添无谓的烦恼，反而不如只字不提。

由此看来，对于夫妻相处之道，这位妻子看得更清楚、更透彻。明智的人总能够保持平和的心境，看淡身边的是是非非，这种大智若愚正是一种至高无上的人生境界。

人的一生之中，总会有各种不如意或缺憾。如果我们能够拥有一颗平常心，保持乐观、平和的心态，即使再大的困难也能坦然面对。这时，我们会发现天地是那么的广阔和美好，就连路边的野草也在向我们微笑，这便是一种心境。

世事难料，人的一生难免会遇到各种各样的不幸，当这些不幸已经来临时，应该以淡定的心态去接受，去适应。只有用心将眼前的事物看明白，看透彻了，我们的忧虑也就随之消失了，这就要求我们让心安静下来，洞察一切事理。

平和的心使心境明澈，可以映照出一个乐观向上的世界；不良的心境被灰尘笼罩，反映不出真实的世界；烦躁的心境会映照出片面和偏激；消极的心境映照出黑暗；等等。显然，内心平和的人能够看淡世间的一切，不被烦恼骚扰，让自己的心灵没有忧虑。

看透世间的一切，不被各种功利奴役，始终保持平心静气，那么你的人生就会快乐无忧。

贪念太多，让人生变成灾难

在追求金钱之前首先要确定，这样做能不能让自己有一个安宁的心境。这样你才能确保自己成为金钱的主人，而非奴隶。

北极熊可谓是北极圈里的霸主，然而因纽特人不费吹灰之力就能捕获它们。原来，北极熊嗜血如命，因纽特人抓住了它们这个贪婪的弱点，因此让捕猎唾手可得。

因纽特人是这样捕捉北极熊的：在动物血液冻成的冰块中藏一把双刃匕首，然后把冰块扔在雪原上。当北极熊闻到血的味道时，就会不断地舔冰块。舔着舔着，因为舌头被冻麻，刀刃划破舌头，它也不会察觉。有了血，它会继续舔下去，直到因失血过多休克为止。

北极熊为什么这么笨？实在没有办法，这是贪婪的天性使然。那么，人类比北极熊聪明吗？其实，生活中比北极熊更笨的人大有人在，他们为了蝇头小利付出了更大的代价，因此，他们的下场不比北极熊好。

古往今来，人类在财富分配问题上一直争论不休，人性的贪婪也暴露无遗。在金融行业，有一个初出茅庐的小伙子，在短短两年之内就累积了两千多万元的财富，相当于许多中产阶级二三十年的积蓄，何等风光和荣耀！

可是，他并不满足，心起“贪”念，想赚得更多。于是，他将全部资金及借贷来的巨款投入了股市。结果不到两个月的时间，不但千万财富迅速缩水，而且负债累累。他拥有的财富化为乌有，只因为欲壑难填。

由此可见，不会控制贪念最终会导致自己一无所有。贪婪让人陷入危险的境地，不论人们贪图的是金钱、权力还是美色、名誉，最后都只能滑进腐败之门、踏上不归之路。这一点，已被历史证明。

侥幸心理能够毁掉一个人。如果你控制不了自己的欲望，一旦有了第一次，就必然会有第二次、第三次……这是因为心存侥幸，胆子越来越大，由第一次的忐忑不安转化为无所顾忌。同时，人的价值观也发生了改变，一切都变得理所当然了。另外，盲目的攀比造成了这种贪欲之害。

纸是包不住火的，事情的真相总会浮出水面。在贪婪之路上如此“赛跑”的人，等在他前面的只能是牢狱之苦甚至是杀身之祸。因此，一些大权在握者应该常给自己打打“预防针”，远离贪欲之害。当心生贪念时，要提醒自己：贪婪会让人滑向罪恶的深渊。

当权的高官心生贪婪会走上腐败的道路，以至身败名裂。平民百姓如果不遏制自己的贪念，也会得不偿失，付出沉重的代价。

一对年轻夫妻觉得每月上班收入太少了，谋划着创业。看朋友生意好，于是他们上门讨教赚钱的方法，并提出借钱。朋友说自己刚起步，手上的资金不宽裕，婉言谢绝了他们。

这对夫妻不甘心被拒绝，于是迁怒于朋友。后来经过一番谋划，竟然实施报复，绑架了朋友的孩子，索要钱财。当然，这对夫妻的阴谋没能得逞。朋友一边筹集款项，一边报警设下罗网。最后，两个人被判了十几年的刑。

一位西方哲人曾忠告世人："贪婪可以撕裂信仰的肌肉，麻痹感知的悟性。它怀疑未来的前景，而只看中眼前的实惠。"

人们一旦被贪欲蒙蔽了双眼，就看不见自己付出的代价，即便走向悬崖也浑然不觉。因为他们只看到了自己将会拥有的，没想到自己会失去什么。他们不明白，索取越多就会失去越多。他们不明白，任何资源都是有限的，他们占有的越多，别人得到的就越少，打破了社会的平衡，也将为社会所不容。

贪心贪欲永远得不到满足的人们，在血的教训和一系列冷酷的现实面前，还不及时反省吗？

第02章 不生气

愤怒是拿别人的错误惩罚自己

愤怒会让人失去理性思考的能力，做出错误决定，导致局面失控。一个人脾气太大，经常变得怒不可遏，到头来吃亏的是自己。

愤怒源于对现实的无能为力

狂热者的脑袋里没有理智的地盘。

愤怒是一种无助的表现，因为没有更好的方法摆脱眼前的困境。一时愤怒情有可原，如果不能及时控制情绪，为了某件事持续愤愤不平，就会毁了自己。从另一个角度看，无法摆脱愤怒情绪，也是一种心理不成熟的表现。

在我们周围，许多人在心理上有时显得很幼稚。他们在人际交往方面屡屡碰壁，在工作上无法取得出色业绩，经常为此懊恼不已，却丝毫不能通过努力改变自己，这显然与心理不成熟有莫大关系。

早年，英国外科医生爱德华·金钠不断将“牛痘疫苗对抗天花感染”的论文和实验结果呈给伦敦皇家学会，结果不断被拒绝、被退回。

原来，伦敦皇家学会认为：用牛痘防治人类天花根本是无稽之谈。看到这样的结局，金钠非常生气。不难想象，努力的结果得不到承认，任何人都会郁闷。然而，他并没有被愤怒冲昏头脑，很快就重新振作起来。

1796年，金钠继续做实验，发誓证明这一理论的科学性。当时，女孩尼尔梅斯因手指被刺破后挤牛奶而感染了牛痘，金钠在她手指的脓包内取出少许脓液，用一根干净的刺针涂到另一名8岁男孩菲普斯的左胳膊上，然后在涂抹处划了两道伤口，让脓液进入身体。

结果，菲普斯出现了轻微发烧等感染症状，但很快就恢复了健康。显然，这个过程与少女感染牛痘后的情形一样。不久，金钠又用牛痘浓汁依照痘毒接种程序再接种到菲普斯身上，结果后者没有出现任何感染症状。

这验证了“牛痘疫苗对抗天花感染”的科学性，至此金钠成功了。这个坚强的人没有让愤怒占据心灵，而是化愤怒为动力，通过实验证明了理论的正确性。随后，金钠自己发行小册子，不断向医学界阐述这一理论。后来，医生们慢慢接受了牛痘病毒接种预防天花的方式。于是，这种治疗技术逐渐被广泛采用，并迅速传播到世界各地。

如果不良情绪一直闷在心里，得不到发泄，就像堤坝里蓄满洪水，最终会冲垮堤坝。那个时候，人注定会精神崩溃。所以，产生不良情绪的时候主动宣泄、释放和疏导，才能免受控制，失去理性判断。

当你愤怒的时候，不妨分析你生气的原因，而后找到问题的症结所在，然后想办法去化解。学会用努力战胜怒气，胜过颐指气使。

研究发现，总有一些人在心理承受力、耐受力和适应性等方面的表现超越常人，显示出高水准的心理成熟度。他们能够努力战胜怒气，与社会环境及其周围人群形成良好的互动，在事业、人际关系等方面一帆风顺。这种情绪释放与心理掌控能力值得每个人学习、借鉴。

人生路上，不可能一帆风顺，总会有些磕磕绊绊等着你。面对别人的质疑和挑战，要学会摆好心态，用不断的努力战胜愤怒，从而取得成功。

请牢记，冲动是魔鬼

不管你拥有什么，你必须理智地使用它，否则你就会失去它。

人是情绪化的动物，难免会在冲动的时候做出过火的举动。但是，因为一时冲动而怒不可遏，往往会因非理性的言行把局面搞砸，最后无法收拾。懂得减少冲动和任性，无疑是个人成熟的表现。

实际上，愤怒源自内心情感的放纵，以及对现实的无法掌控。当自己无法“为所欲为”的时候，任何人都会变得歇斯底里。图一时之快往往要付出代价，冲动而为从来都与睿智相去甚远。懂得克制冲动，才能理智做事，减少人生遗憾。

怒火的爆发就像高速飙车，害人害己；理智则是控制车速的关键，也是保护自己和他人的盾牌。愤怒并不是一种勇气，真正的强大心灵是保持冷静、理智。

一个小镇发生了一起杀人案。一个人在家中被人砍死，家人也被砍伤。死者身上有七处刀伤，而且刀刀致命，作案手段非常残忍。

当地警方在第一时间到达案发现场，凶手畏罪潜逃，留下了作案用的砍刀。在死者家人的指认下，犯罪嫌疑人终于被警方抓获。

在警方的问询下，凶手说：“我也是一时冲动，为了发泄内心的不满，才出手伤人。”原来，犯罪嫌疑人和死者的女儿曾经是恋人，但是因为年龄悬殊遭到了死者的反对。

而直接导致凶手过激杀人的是不久前的一次冲突。当时，犯罪嫌疑人去死者家中做客，双方争执起来。后来，死者一怒之下拿起木棍狠狠地教训了犯罪嫌疑人，才为后来的杀戮埋下了祸根。

从那个时候开始，犯罪嫌疑人就找机会报复，于是出现了开始的一幕。因为一时冲动，伤害女友的家人，最终让自己无路可退。

上面的故事证实了“冲动是魔鬼”的道理，但是为什么依然有那么多人铤而走险，做出一些让人不屑的事情呢？如果不是冲动的原因，他们也不会在怒火攻心之下犯罪，酿成无法挽回的血案。世上没有如果，一时的冲动会让人产生捶胸顿足的懊悔，这种代价未免太大了。

冲动带来的负面影响远远超出人们的想象，那么如何才能让怒火平息呢？

第一，从积极、正面的角度想问题。有人说，把火气发泄出来有助于心理健康。但是一项研究表明，这是一种糟糕的做法，对于平复内心情绪毫无帮助作用。心理学家推荐了一种科学方法，那就是自觉地从积极、正面的角度看待外界的“冒犯”。

比如，开车的时候一辆车快速从旁边经过，这时应该想到“他应该有什么急事吧”，或者“可能我开得太慢了”。这样一来，你的怒火就被消灭在萌芽阶段了。这是一种极为有效的控制负面情绪的方法。

第二，一个很简单却很有效的方法——坐下来。产生剧烈情绪波动的时候，血液中的去甲肾上腺素含量明显增高，这种血液成分会大大加快血液循环，使人活力倍增。而当一个人全方位地舒展躯体和四肢后，随着活动空间的大幅度扩展，血液循环又进一步得到加速刺激，从而令人容易引发争吵。

产生情绪波动的时候坐下来，是通过抑制生理能量供应来减弱怒火。遇事不慌不忙，保持冷静理智，自然容易让心中的怒火慢慢消散。

不能控制愤怒就无法掌控人生

我们之所以是自己命运的主宰、自己精神的支柱，是因为我们拥有掌控自己思想的能力。

不能控制愤怒的人，处处与人发生矛盾，注定会把局面搞砸，无助于维持友善的关系。虽然内心不满，但是为了减少因发怒而越发不可收拾的糟糕局面，你必须拥有避免与人发生冲突的情绪掌控力。

当愤怒的情绪产生之后，如果你不知道如何去处理它，自然会倾泻到周围的人身上，给他人带来痛苦。因愤怒而失控的后果是，既伤害到他人，也让自己陷入被动。

用理解的眼光看待别人，掌握每个人的心理特征，提升自己的共情能力，自然容易减少矛盾和误解。如果无法杜绝发怒，那么起码要尝试着减少发火的频率，坚决不能放纵自己。不与他人发生无谓的冲突，能从根源上减少发怒的次数。

有一次，美国前总统杜鲁门会见麦克阿瑟，后者是一位十分傲慢的将军。交谈过程中，麦克阿瑟拿出烟斗，装上烟丝，然后叼起烟斗，取出火柴。

划燃火柴之前，麦克阿瑟停顿了一下，转过头看着杜鲁门，问道："我喜欢抽烟，你不会介意吧？"很明显，这不是真心征求意见。明明已经做好了抽烟的准备，却征询对方的意见，自然令人恼火。

这时候，杜鲁门如果说"介意"，就会显得粗鲁和霸道。尽管被麦克阿瑟缺乏礼貌的傲慢言行弄得有些恼火，但是杜鲁门还是一忍再忍，避免与对方发生无谓的冲突。

最后，杜鲁门狠狠地盯着麦克阿瑟，略带自嘲地说："抽吧，将军，今天你喷到我脸上的烟雾，要比喷在任何一个美国人脸上的烟雾都多。"

身为领导者，必须有足够的涵养与情绪掌控能力。杜鲁门虽然不满麦克阿瑟当自己面吸烟的举动，但是为了减少分歧和矛盾，他选择了忍让，控制了怒火，以自嘲的方式维护了交谈的场面。

当你和别人产生争执的时候，怎样才能控制自己的情绪，避免情况继续恶化下去呢?

第一，纠正认识上的误区。

不理性的思维会影响人的判断和分析，令人头脑中的映像变得模糊，从而对别人发怒。最常见的误区是主观意识强烈，习惯用自己的尺子衡量他人的行为。发生了一件小事，自以为是地认定一个原因，而不考虑实际情况，并为此大动肝火，这是许多人情绪失控的常见表现。

第二，学会倾听对方的心声。

倾听不只是听对方说话，还要从肢体动作等细节入手，理解对方的真实意图。比如，看着对方的眼睛，留意点头、摇头等动作，有助于掌握正确的信息，减少误解和分歧。比如，对迟到的人别急于指责，无谓地争吵毫无意义，只会把事情搞砸。给对方一个解释的机会，或许结果就会完全不同。

第三，温婉地提出批评。

如果习惯说“你就这样了”“没救了”之类的话，没有人会和颜悦色地对待你。即使提出批评，也要给对方一些建设性的意见，令其感受到你的诚意与友善，这样自然能消除对方的敌意。

别让坏脾气毁了你

所有的自负都会被轻易地识破，都会被看作自卑心理的表现形式。

愤怒会使人失去理性思考的能力，做出错误决定，导致局面失控。一个人脾气太大，经常变得怒不可遏，显然无法建立融洽的人际关系，自然不会得到他人的帮助，那么福气也就悄悄溜走了。

当一个人进入陌生的环境，尤其需要注意，不可因为生气而变得情绪化。在与人相处的时候，时刻懂得控制自己的情绪，不因某些小事动怒，自然容易收获好人缘，得到外界更多理解和帮助。

在我们身边，许多人郁郁不得志，说到底是脾气太差的缘故。他们不善于掌控情绪，经常为小事抓狂，所以生活毫无条理，工作也没有起色。因为在情绪自控方面存在缺陷，所以他们做人做事都不得章法，这样的人自然无法得到机遇的垂青。

如何处理愤怒这种不良情绪？最有效的方法就是战胜它，用理解和幽默的方式实现心理平衡。遇事冷静理智，不轻易动怒的人大多是命运的掌控者。因为，他们时刻掌控着情绪，按正确的节奏做事。

周末正在家里休息，忽然被邻居聒噪的音响吵醒。想一想，你是怎么应对的呢？许多人直接敲开邻居的门，厉声训斥对方，一番争论之后双方形同陌路，从此老死不相往来。这种做法显然算不上高明，下面一起看看科恩是怎么做的吧！

科恩的邻居是一位音乐爱好者，每天下班回家都要播放各种乐曲，并调到最大音量，直到午夜才肯罢休。这严重影响了科恩的生活。

这一天，科恩敲开了邻居的门，微笑着说：“请您把录音机借给我一个晚上好吗？”

邻居听了非常开心，说道：“太棒了，你喜欢哪种乐曲？”

科恩微笑着摇摇头：“不，我只想安安静静地睡一晚。”

邻居听完立刻明白了科恩的用意，然后表示今后一定多加注意。

面对吵闹的邻居，科恩既不吵闹，也没选择忍受，而是理智、风趣地向对方表明立场。一句简单幽默的话，瞬间让邻居明白了事情的原委，甚至为此内疚，这可比他冲动地到对方家里大吵大闹更有效。

遇到棘手的问题，或者不方便直接说出内心的想法，不必立即歇斯底里，愤怒会让你冲昏了头脑，把事情搞砸。借用幽默等沟通技巧，你能轻松化解眼前复杂的矛盾。

生活中难免遇到一些不如意的事，这太正常了。比如，开心地抱着玫瑰花约会，结果因为堵车晚点了；穿着新买的鞋乘坐公交车，结果被人踩了一脚；等等。这些小事通常会让人无奈，进而不由自主地感到愤怒。

然而，生气不能帮你解决任何问题，反而会因这种不良情绪阻碍与他人的沟通，甚至诱发高血压等疾病。

也许有人说，这是危言耸听，愤怒不过是一种正常的情绪反应。还有人认为，将怒火发泄出来好过一个人独自生闷气。在事与愿违的情况下，愤怒不仅影响身心平和，还会破坏你的运气。

在即将动怒前，及时地转移自己的注意力，找一件轻松而有意义的事做一做、想一想，可以逐渐让脾气变小，从而能够与人和睦相处。

修炼一颗淡定的心

内心平静有助于你依照自己的条件和所选择的价值观来生活，并且会让你每天的生活变得更加富足与美好。

生活中，总是有很多烦心的事，我们只有修炼一颗简单淡定的心，才能保持心灵的宁静，不会被这些烦心事挡住通往成功的步伐。

泰戈尔曾说过：“当人微笑时，世界爱了他；当人大笑时，世界便怕了他。”微笑可以平息怒火，消除冲突，化解一切争端。遇到烦心事的时候，用微笑舒缓内心的焦虑，保持淡定的心情，不失为一种选择。

有一个人特别爱生气，连人类无法左右的自然现象也会成为他发泄的对象。有一次，连续几天的大雨仍没有停下来的迹象，他忍无可忍便站在院子中央，指着天空大骂：“你这不长眼睛的天啊，总这么下雨，把我害惨了。屋顶漏了，粮食潮了，柴火湿了，衣服干不了……让我这么倒霉，你能得到什么好处吗？”

邻居听到咒骂声，赶紧跑了出来，说道：“你骂得这么带劲，老天一定会被你气死的。就是气不死，也再不敢随便下雨了。”那个人气呼呼地说：“哼，上天如果能听到就好了，可实际上一点用都没有。”

接着，邻居问：“既然没有用，你为什么还站在这里白费劲呢？”那个人无言以对。邻居接着说：“与其在这里咒骂老天，还不如抓紧时间修好屋顶，找些干燥的柴火，烘干湿透的衣服和粮食。更何况，又不是天天下雨，你为什么不趁着雨天休息的日子做点别的事情呢？”听到这里，那个人顿时醒悟了。

很多时候，人们之所以生气并不是因为这件事可气，而是自己不够豁达，想不开。在上面的故事中，那个邻居说得对，与其骂天不如顺天。

既然没有能力去改变什么，倒不如改变一下自己的心态。修炼一颗简单淡定的心，自然会让那些烦恼烟消云散。

面对误解和仇恨，一笑而过是一种坦然宽容，然后保持本色，这是一种达观；面对失败和挫折，一笑而过是一种乐观自信，然后重整旗鼓，这是一种勇气；面对赞扬和激励，一笑而过是一种谦虚清醒，然后不断进取，这是一种力量。

凡事想开一点，用豁达的心胸包容一切，才能走出自我设限的框框，心情自然会开朗。其实，很多烦恼都是起因于自己的想法。让个人情绪不受外界环境左右，就要修炼一颗淡定的心。能够返璞归真，用淡定的心境为人处世，你就永远不会发怒。

拥有宠辱不惊的平静心

内心的平静所涵盖的范围大得出奇，把它运用在各个方面，就能帮助你成功，然后将成功扩及其他层面。

春天失去了葱绿，得到的是丰硕的金秋；女人失去了青春岁月，得到的是成熟的女人味。对一个人而言，生活的最高境界不是荣华富贵，不是金玉满堂，而是开开心心、平平淡淡地过好每一天。

尽管人生旅途中的荣辱得失在所难免，但这并不能成为我们不开心的理由。生活是自己的，快乐也是自己的，开心的人才是最幸福的。然而人是一种情感动物，面对荣辱得失，又有多少人能坦然面对、淡淡一笑呢？

人的一生就像簇拥的繁花，既有火红耀眼之时，也有暗淡萧条之时。如果想获得快乐，就不应该过分在意“荣”，过分计较“辱”，而要笑看人生荣辱，淡看潮起潮落。遭遇挫折或不幸的时候，拥有宠辱不惊的平静心才能战胜波折，迎来希望。

汤姆从农村来到大城市，做过洗碗工、发单员、推销员，通过艰苦打拼一步步成长起来，后来成了一家大公司的销售部经理。这是他当年做梦也没有想到的事情，看着自己拥有的房子、车子，有时候甚至感到人生太不可思议了。

正当事业如鱼得水之时，不幸降临了。这一天，汤姆被公司降职处分。原因是他负责的一位重要客户的商业信息被泄露了，让公司的销售业绩严重下滑。这对汤姆来说简直是晴天霹雳，因为他根本没有泄露任何商业机密。虽然极力向公司高层申辩，但是他过激的言辞和失态的行为，让人大跌眼镜。

后来，看到申辩无效，汤姆就拼命用头撞门，撞得血淋淋的。最后，公司没有原谅他，反而对他过于急躁、莽撞的举动进行了处罚，还扣除了一个月的销售奖金。

对此，汤姆非常不甘心。接着，他通过多种渠道了解到了事情的真相：有一次在酒桌上，一个同行的朋友趁他去洗手间，偷偷翻看了他的手机，把公司重要的客户信息转卖给了别人，结果给公司造成了巨大的经济损失。

随后，汤姆发疯似的寻找那个窃取秘密的人，根本无心工作。不久，他因为接连的工作失误被解雇，陷入了极其被动的局面。

如果汤姆在遇到打击的时候保持冷静，淡然地面对一切，同时理性分析，找到摆脱困局的方法，就不会有后来的被动局面了。失意的时候失去平静的心态，就会在后继行动中犯错，接连失误。一个人极不理智，浮躁难耐，自然不会做对事。

其实，人生处处有得失，因为“失”你才会更加珍惜“得”，“得”才变得更有价值。当你看淡了“失”时，会发现“得”又有何欢？“得”不过是以“失”为代价的。人生就是一个得与失、荣与辱更替的过程，最重要的是保持平和的心境，不轻易发怒。

一个人经历千辛万苦，凭借不懈努力获得了荣誉、赞赏，不必飘飘然，应该保持清醒的头脑，内心始终存有一分谦恭。反之，遭受挫折和打击以后也不必一蹶不振，积蓄力量谋求东山再起，或者选择随遇而安，享受粗茶淡饭的生活，才是智者所为。

人生需要奋斗进取，也需要豁达超脱。遇事不能保持一颗沉静心，往往自乱阵脚，失去理性思考与正确决断的能力，让自己的生活变得异常艰难。生命的意义在于经历一切，能够欣赏不同的风景。让烦躁的心静下来，做到“宠辱不惊，去留无意”，就能过上逍遥自在的日子，幸福每一天。

宠辱不惊，是一种历经繁华之后的恬淡，是一种笑看人生变幻的洒脱，更是一种遇事镇定沉稳的气度。一个人只有在成长中经历岁月的磨炼，才能练就这般人生境界。无论面对挫折，还是面对羞辱，都不要轻易发怒，那会让你失去理智，做出更加荒唐的举动。先让内心平静下来，才有反败为胜的机会。

第03章 不抱怨

心情不好时要寻找感谢的理由

抱怨，其实就是在和别人诉说你内心的危机感。一个人要学会反省，从自身找问题，发现问题的根源，并果断加以修正。这样一来，自然就会减少产生抱怨的机会。

世间本无好坏，只是想法使然

任何想法、任何计划、任何目的都可能通过反复思索而植入你的心灵。

抑郁、烦闷的时候，你可能认为坏心情是由一些倒霉的事引起的。比如，工作不顺利，被心爱的人拒绝，或者因出门忘带伞而淋雨。事实上，生活中的喜怒哀乐都来源于我们的认知，也就是对自己、他人及环境的认识和判断。

对此，心理学家指出，情绪是人的一种心理活动，表现为对各种事物的态度，并通过人的肢体动作及面部表情展示出来。

“思维决定情绪”，这并不是什么新观点。两千年前的希腊哲学家埃皮克提图也有过类似的论述，他说：“人的烦恼并非来源于实际问题，而是来源于看待问题的方式。”而《旧约·箴言》中，则有这样一段话：“因为他心怎样思量，他为人就是怎样。”

有一次，英国著名戏剧家萧伯纳出国访问。为了了解当地的风土人情，他每到一个地方都要独自外出转一圈。

这一天早上，萧伯纳正在街上散步，碰到了一位可爱的小女孩。于是，他停下来，和她一起玩耍。小女孩口齿伶俐，也很有礼貌，萧伯纳非常喜欢她。

临别时，萧伯纳笑着说：“小姑娘，你知道我是谁吗？”小女孩摇摇头。

然后，萧伯纳高傲地说：“一会儿回到家告诉你的爸爸妈妈，就说你今天和世界闻名的大作家萧伯纳一起玩了！”

小女孩眨了眨眼睛，然后天真地说：“知道我是谁吗？记住，刚才和你一起玩的是克里佩斯莱娅！”

听到这里，萧伯纳立刻意识到自己刚才讲话太傲慢了。看着眼前纯真、可爱的小女孩，他竟一时手足无措，脸上也不禁有些发热。

萧伯纳是世界闻名的大作家，对此他丝毫不怀疑。所以，一开始与小女孩告别的时候，他流露出骄傲甚至自大的情绪。后来，小女孩不卑不亢的回答让他意识到，名利心太重是多么可怕的事；于是，他为自己此前过激的话感到后悔，甚至无地自容。这种情绪变化得益于萧伯纳意识到了自己的错误，所以心生愧疚。

上面的故事生动地展现了一条有力的原则——情绪源于你自己的想法。认知是一种思维或心态，是一个人看待事物的一贯方式。在不同场合，这种思维会下意识地左右人们的分析、判断和情感。

有的人以为自己不如别人，所以每天过得都不快乐；有的人会固执地认为自己不聪明、缺乏魅力，所以陷入了深深的自卑中；有的人习惯怪罪他人，所以活在抱怨的世界中；而几乎所有抑郁的人都认为，自己以至整个世界正面临着某些棘手的问题，有点儿坏心情是不可避免的，也是正当合理的。

一个人有怎样的想法，就有怎样的人生和命运。对此，莎士比亚也说过：“世间本无好坏，只是想法使然。”

事实上，在决定情绪的各个要素中，思维发挥的作用远远超出你的想象。因此，在抑郁症治疗领域，认知疗法已经成为全球应用最广、参与研究人数最多的心理疗法之一。这一理论侧重实际操作，让人一接触就会产生强烈共鸣，治疗效果也非常理想。关于这一点，许多研究报告都有印证。这也从一个侧面告诉我们，认知对情绪发挥着决定性作用。

改变错误的、不合理的认知和想法，就可以改变心态，甚至改变价值观和信念。它带来的变化是巨大而持久的。如果你能做到这一点，心情一定会好起来，视野也会更开阔，工作起来也会更努力。

改变消极的思维模式

如果你能够认真地审视自己，诚实地检查自己是否拥有自信、热情和明确的生活目标，一定会过上平静、充实的生活。

神经生物学家安东尼奥·达马西奥（Antonio Damasio）提出，所谓的情感状态，实际上主要是大脑构建出来，用以诠释身体反应的一个“故事”。也就是说，大脑对环境的评估结果，决定了被激发的情绪是什么。

因此，改变对特定事物的看法，就能够改变与之相对应的情绪。某次当时因自觉占理而向友人爆发的愤怒，也可能在反思之后转为愧疚。那段曾让你既悲且恨的初恋，会在大脑的评估变为“释怀”后变得不再负面。

面对糟糕的状况，以及危机情况，人们难免产生焦虑、担心和恐惧等负面情绪。眼前的情景已经很窘迫了，如果再增添这么多负面因素，无疑是雪上加霜。

比如，你去医院看病，会希望医生对病情流露出过分担忧、焦虑等负面情绪吗？当然不会，因为这不会帮助医生积极救治病人，反而会影响其医学水平发挥。实际上，病人都希望从医生那里看到自信、乐观的微笑，从而对医治效果充满希望。

许多人在消极思维模式的影响下，满眼都是糟糕的事情正在发生。是时候转换思维方式了，生活不需要痛苦、悲观和担忧，它们会让局面变得更糟。当危机、冲突和忧虑突然降临的时候，你需要用爱心、怜悯、接纳和理解去应对，寻找解决问题的正确方法。

本·佛森失去了双腿，但这并没有影响他活出自我，演绎出一段精彩的人生。从失败中获益，一切都源于积极的思维模式。

有一天，本·佛森到山上砍伐木材，车装满以后便准备返回。车急转弯的时候，忽然有一根木头滑下来，卡住了车轴。本·佛森立即被甩到旁边的一棵树上，不但伤到了脊椎骨，而且双腿从此瘫痪了。

当时，本·佛森年仅24岁，正是青春年少的时刻。就这样在轮椅上度过一辈子吗？他不甘心。一开始，这个年轻人极度怨恨命运的捉弄，但是他很快意识到，这对自己毫无帮助。

于是，经历了一段彷徨和抱恨之后，本·佛森开始找到属于自己的全新人生。他开始认真读书，并对文学产生了兴趣。这让他开阔了眼界，也丰富了人生。闲暇之余，他还学会了欣赏美妙的音乐，一个人的时候听着美妙的曲子，再也不会感觉孤单。

当然，最重大的转变是他开始认真思考人生。静下心来认真观察这个世界，终于悟到以往那些无聊的琐事毫无价值，把时间和精力花在有意义的事情上才不虚此生。

广泛阅读之后，本·佛森逐渐对政治产生了兴趣。此后，他花费大量时间研究公众问题，并尝试着坐在轮椅上演讲。于是，他认识到更多优秀的人，并被大家关注。后来，他凭借才干担任乔治亚州州秘书长一职。

在命运的捉弄下，许多人再也没有抬起头。然而，本·佛森改变消极的思维模式，用积极的心态迎接新生活，开创了另一种成功人生。他曾说过："别人和善礼貌地待我，我也应该和善礼貌地回应对方。"

卡尔博士说："世界上有两种人，一种人认为自己是应得报酬与应受惩罚的依据，另一种人认为报酬和惩罚是诸如运气、天气和他人等外部因素带来的。通常，前一种人更乐观，心理能量更强，更有可能通过积极行动改善糟糕的现状。"

陷入困境的时候，你要相信自己能掌握个人命运，能够解决问题并突破困境，然后积极的思维模式会引导你夺取胜利。如果一番努力之后你仅仅得到了一个酸柠檬，那就把它榨成柠檬汁吧，明智的人永远不会消极地思考问题。

经验表明，流露出负面情绪会将你与周围的负能量联系起来。比如，过分担忧会吸引那些你不想要的东西。难怪有人说，担心什么就会得到什么。如果你想保持积极乐观的情绪，首先要改变消极的思维模式。做不到这一点，任何人都无法帮你从不良情绪中解脱出来。

学会积极乐观地思考，必须多与他人交流，打开思路。此外，观察和阅读也能激发积极的情绪，平复内心的失落、不满等负面情绪。

永远不要等别人来成全你

不要等待，时机永远都不可能刚好。现在开始行动，利用身边所有能找到的工具，在行动的过程中你会找到更好的工具。

人生就是一个奋斗的过程，别指望他人成全你的梦想，更不能抱怨境遇的不公。有的人不缺少漂亮的职业规划，但是一旦遇到困难、挫折就轻易放弃，再也坚持不住原来的方向。如果外面的诱惑多一些，他们更会把雄心壮志的规划抛诸脑后，令其成为一纸空文。

你的努力和付出，终将成就无可替代的自己。任何时候，不要等别人来成全你，更别抱怨眼前的种种不如意。管好自己的心情，用积极的心态面对挑战，命运才会悄然改变，成功才会悄然降临。

戈林出生在美国一个贫穷的乡村，没有受过多少教育。为了生存，他在 15 岁的时候就到一个建筑工地干活。进入工地的第一天，戈林就下定决心，成为整个工地上最优秀的人。

当其他工人整天抱怨工作辛苦、环境差、薪水低的时候，戈林并没有参与其中，而是独自一人在角落里自学建筑知识。每天晚上，工人们坐在一起聊天，戈林就在旁边读书。他利用一切空余时间充实自己，等待着机会的到来。

有一天，经理到工地检查工作，恰巧看到戈林正在看书。他走过来，翻了翻这个年轻人手中的书，然后离开了。第二天，经理让戈林来到办公室，问道："年轻人，为什么那么努力读书呢？"

"很简单，公司并不缺少干活的人，而既有工作经验又有专业知识的技术人员和管理人员，却很稀缺。我要成为那样的人，被委以重任。"戈林认真地回答。

经理认真看着眼前这个年轻人，微笑着点头表示认同。随后，戈林升职为技师。那些平时只会凑在一起聊天的工人并不以为然，甚至对戈林的升职十分不屑。当然，也有人抱怨自己不走运，失去了这个升职机会。

此后，戈林丝毫没有放松学习，反而比以往更加努力。他很清楚，自己并不是只是为别人劳动，也在为自己的梦想打拼；只有自己的价值远远超过所得的薪水时，才会得到重用，才能把握机遇。

多年后，戈林凭借不懈努力和坚定信念，成为公司总经理，在业内享有很大声望。这一切，都是他努力成全自己的结果。

有的人还在为眼前的利益斤斤计较，戈林已经有了长远的计划。当别人抱怨没有机会的时候，他在默默付出、努力，最终梦想成真。不去抱怨，而是采取行动，这是许多人获得成功的理念，也是给予后来者的启示。

在上面的故事中，戈林身上有两点需要学习和借鉴：第一，境遇再悲惨也不能随波逐流，必须有明确的奋斗目标，并为此努力；第二，在向目标奋进的过程中，不要被周围的环境干扰，坚定信心才能赢得最后的胜利。

一项针对企业员工的问卷调查显示，70% 的人不满意自己的工作，超过一半的人对未来的前途感到迷茫。

这似乎可以解释，为什么许多员工把抱怨挂在嘴边。还有一些人敢怒而不敢言，把不满憋在心里，或者消极怠工。殊不知，这种工作情绪会成为职业发展道路上巨大的绊脚石。

如果你因为工作不满而抱怨，那恰恰表明你该努力充实自己了。努力发现个人工作中的短板，并为此积极改进，通过学习提升能力，日后自然容易脱颖而出。

工作之外，也有人在不停地抱怨生活，因为各种不如意心生惆怅，情绪低落。一个人牢骚久了，心灵就荒芜了，无助于任何个人能力、素养的提升。这个世界上，没有人会因为哀怜而成全你，所以一切抱怨都是徒劳的。

心生抱怨的人，会陷入情绪低落状态，其意志、行为都会弱化。面对生活中的各种不如意状况，尝试着调整情绪，让自己进入积极乐观的状态，幸运就会悄然降临。

越抱怨，生活越不幸

当财富来到的时候，它将来得如此急，如此快，使人奇怪在那艰难的岁月，这些财富都躲到哪去了？

抱怨遇人不淑，抱怨社会不公，内心充满了敌意与怨恨，就不再努力改变窘境，不去弥合分歧，于是你离快乐越来越远，离不幸越来越近。最终，抱怨把担心的事情变成了现实，苦果只能自己去尝。

大多数人产生抱怨情绪，最开始的时候只是因为担心某件事情会发生，从而怨愤或嗔怪他人。用抱怨提醒或者警告对方，似乎令人担忧的事情就不会发生了。但是，实际情况与之相反，抱怨非但不能消除忧虑，反而会使本来不会发生的事变成现实。

抱怨，就是在吸引不幸。面对眼前美好的人和事，要懂得欣赏，并感谢自己拥有的一切。善待人生，不去抱怨，自然容易成为一个幸运儿。作为一种负面情绪，抱怨会吸引不幸，你还有什么理由不快速远离它呢？

当年，拿破仑三世是法国的皇帝，而尤琴身为伯爵的女儿，年轻美貌，两个人简直是上帝安排好的一对丽人。他们的婚姻本应是幸福美满的，但是尤琴在生活中不停地抱怨，最终摧毁了这一切。

尤琴嫁给拿破仑之后，成为万人敬仰的法国皇帝的妻子，那种甜蜜的幸福令人艳羡。正因为是皇帝的妻子，尤琴想永远和拿破仑在一起，永远地幸福下去。她认为，那些博取皇帝欢心、向皇帝献媚的女人，对自己构成了最大威胁。

为了防止其他女人破坏自己与拿破仑之间的爱情，尤琴决定每天紧跟着丈夫，监视他的一举一动，监督他的一言一行，甚至不停地警告、批评。堂堂的法国皇帝却被妻子如此对待，拿破仑感到十分委屈。

想到最初自己在大臣的反对下执意娶尤琴为妻，想到自己那么爱尤琴，拿破仑选择了忍让。但是，妻子丝毫不懂得体谅，反而变本加厉，甚至在大臣面前让这位法国皇帝难堪。最终，拿破仑忍无可忍，毅然与尤琴离婚。

其实，尤琴的抱怨和担心是由爱而生，因为太爱才会担心，因为担心才会有危机感。为了消除这种危机感，尤琴错误地选择了抱怨的方法，而且是不停地抱怨。这种做法不仅没有减轻危机感，反而进一步恶化了局面，导致两人最终分道扬镳。

抱怨，其实就是在和别人诉说你内心的危机感。伴随着这种倾诉，危机感没有消失，反而会不断加强。起初，你并不相信事情会发生，只是防患于未然，但是随着抱怨次数的增加，你开始相信事情可能会发生，甚至觉得事情马上就会发生。

习惯抱怨的人，无法赢得幸运之神的垂青。那么，如何避免抱怨情绪的侵袭呢？心理学家发现，想要养成或改变一个习惯，需要 21 天的坚持和努力。尝试着 21 天不抱怨，就能逐步学会积极面对一切。

第一，学会换位思考。抱怨是一种传染性极强的情绪，它可以让周围的人都陷入其中。为此，遇到令人厌烦的事要及时换位思考，努力给大脑积极的暗示，主动调节不良情绪。

第二，学会感恩。一个人习惯抱怨之后，短时间内很难改变这种思维定式。不妨每天晚上睡前找出一件当天值得感恩的事情，最好是一些具体的小事，几天之后你会发现世界并不是那么讨厌。

第三，学会转移不良情绪。在无法通过换位思考消除负面情绪的时候，就要试试用别的方法转移，比如听音乐或者跑步，让大脑放松下来。

懂得感恩才知道什么是快乐

每当你与别人分享幸福之际，即等于将幸福借给对方，而所借出的东西必能归还。

印度诗人泰戈尔曾说：“没有岩石的碰撞，哪来浪花的美丽？”在奔流不息的生命之河中，试着以感激之心对待那些坚硬的拦路石吧，正因为它们的击打，才让生命绽放出了一朵朵美丽的浪花。

生活中不如意之事十有八九，这些情绪很容易集结成一个个长时间无法逾越的心理鸿沟。因此，抱怨变得随处可见：抱怨父母过分管制，抱怨领导严苛要求，抱怨家事琐碎繁忙，抱怨社会复杂不公。

心情不好时，总是把所有的罪过归咎于外在世界，却从不为自己寻找值得感谢和开心的理由。其实，快乐很简单。只要你看到了快乐，你就是快乐的；只要你找到了快乐的理由，哪怕是快乐的借口，你也能变得快乐起来。

美国肯塔基大学的大卫·斯诺登教授曾以同一家修道院的修女为研究对象做了一次实验。在修道院里，大家的生存条件和生活条件是一致的，甚至连接受的思想都是无差别的。但是，这些修女看待世界的视角以及感受快乐的能力却是不同的。

其中有两个修女，分别对过去一年的修道院生活做出了总结。一位修女这样写道：“在圣母修道院作为预备修女的这一年，我接受了很多思想和精神的洗礼，领悟了很多人生和自然的真理，我感到非常幸福。所以，我期盼未来的日子，我能开启出更多的智慧与快乐。”

另一位修女则是这样写的："我迫于世俗生活的苦难和压力来到圣母修道院，现在已经一年过去了，我虽然被灌输了很多的知识和思想。可是过去家庭的遭遇却并没有因此而改变。我依然不知道未来的希望在哪里。"

两个修女的总结有什么不同？第一个修女积极乐观，充满着喜悦和期盼；第二个修女字里行间充满了悲观和抱怨，没有因为收获知识而感激，反而更加感慨无法改变的过去。

这两段总结代表了什么？代表的是两个修女的心态和视角，以及透过这个视角所折射出的世界。快乐其实就是这么简单，心中有希望的人，看到的自然就是希望，心中有满足的人，感受到的自然就是快乐。

生活的戏弄或者社会的压力，以至人际关系的芜杂，确实带来了很多心理负担。但是，这就理应成为人们不快乐的理由吗？凡事都有两面性，难道不能从中发掘出有利的、值得感恩的一面吗？

怨愤情绪常常积于胸中，让人整天愁眉不展。是因为人们缺少理解之心吗？是因为人们缺少进取之心吗？其实都不是。根本原因是因为人们缺乏感恩的心。只盯着事情的晦暗面，而从不主动发掘事情背后的光亮，只抱怨自己所失，而从不感谢自己所得，怎么会有快乐呢？

人生不可能一帆风顺，当你的付出没能换来同等的回报时，不要怨天尤人，而应把痛苦化作前进的动力。感谢遗弃你的人，是他们教会了你要独立；感谢欺骗你的人，是他们增长了你的阅历；感谢伤害你的人，是他们磨砺了你的心智。

计较越多失去的也越多

一个人所体现出来的"伟大"或"渺小"，建立在这个人原谅与遗忘他人对他的恶意之举的能力上。

人们常常会说这样一句话，之所以会不快乐，并不是得到的少，而是计较的多。如果一味地主动制造麻烦，给自己增加负担，又怎么会快乐得起来呢？只要学会“不在意”的生活态度，当面对那些负面信息的时候能够一笑而过，就不会让心情成为这些烦恼的奴隶。

每个人的时间和精力都是有限的，如果因为一点小事就耿耿于怀，烦恼忧愁，那么还会有剩余的精力来做其他更有意义的事情吗？心胸宽大的人，之所以能够做到“身稳如山岳，心静如止水”，就是因为他们懂得该如何取舍。

不在意，就是别为面子而活，也别为名利而活。有些人，因为某一次“丢面子”就郁郁寡欢，钻牛角尖；因为这个月的收入少了几百元，就闷闷不乐，做什么事也提不起精神，都是因为没有明白得与失的道理。

约翰这几天心情一直很差，因为家里的冰箱不知道怎么回事，无法正常工作了，总是发出嗡嗡的声音。对别人来说，这算不了什么大事，找一个维修工人修好就没事了。可是，约翰总是斤斤计较。他多次对妻子说：“这是多年前花大价钱买回来的冰箱，质量肯定没问题。这么快就出毛病，可能是物业突然停电弄坏的，或者是你在清洁冰箱的时候碰了哪里。”

妻子听了这些话，安慰道：“不管怎么样，找维修工人修好就行了。”约翰仍然不放心：“你懂什么，万一找来一个技术很差的人，冰箱就更容易坏了。”妻子一看劝不了丈夫，只好去找邻居强尼。

强尼检查了冰箱之后，笑着说：“这台冰箱品质很好，但是时间长了难免出毛病。赶快找人修一下，还能将就着用。不过，我劝你花钱买一台新的吧，这个老古董值不了几个钱！”听到这里，约翰并不以为然。送走强尼后，他对妻子说：“换一台新冰箱，说得那么容易。虽然旧了点，我可舍不得扔。”

约翰想找一个技术过硬、价钱合理的维修工，但是始终没有合适的。于是，修冰箱的事就被耽搁下来了。三天后，冰箱因为短路着火了，多亏妻子在院子里收拾草坪，闻讯及时赶来才避免了引起更大的火灾。

在我们身边，许多人像约翰一样，对一些鸡毛蒜皮的小事斤斤计较，甚至还向别人乱发脾气，不仅伤害了别人，也给自己带来了痛苦。总是习惯抱怨，却不及时解决问题，太计较得失反而造成更大损失，这种教训是异常深刻的。

生活中，得失是免不了的。面对得失，聪明的人会想到会舍才能得这个道理，而那些小心眼的人，则会陷入怪圈里，得到了就欣喜若狂，失去了就悲伤至极。这样，不仅让自己沦为了坏心情的奴隶，还会影响人际关系和身体健康。所以，学会用一颗平常心来看世界，得之淡然，失之坦然，才能够让自己拥有更多快乐。

面对得失，要学会“不在意”的处理方法。事情的结果已经决定了，自己再纠缠不休，又有什么意义呢？生活还是会继续下去，难道就因为这一点鸡毛蒜皮的小事，就要让自己的生活变得灰暗吗？那样太不值得了。

想要快乐的生活，就要做一个大度的人。心胸宽大，能够让自己以一个智者的姿态来面对成败得失；而计较得太多，不仅于事无补，还会让自己失去更多。邻里之间，朋友之间，同事之间，免不了会发生一点小矛盾，如果因此就在背后捅刀子、下绊子，不仅会让自己失去朋友，也会损害自己在别人眼中的形象，最终给自己惹来更大的麻烦。

所以，如果想让生活变得更快乐，就要学会不计较、不在意，这样才能真正成为生活的主人，坦然面对眼前的一切挑战与磨难。

坦然面对人生的悲欢离合

生活是一所学无止境的学校，而我们能成长为什么样的学生，全靠我们在这所非比寻常的大学里所做的功课。

每个人都在追求幸福的人生，却总以为人生幸福来日方长，但是时光匆匆地溜走了，或者意外不期而至，期待的圆满却不曾出现。

人有悲欢离合，月有阴晴圆缺。那些人生的酸甜苦辣，任凭我们如何逃避都不能脱身，而躲避不是办法，最终还需面对。现实是改变不了的，就如四季变化一般，是人力所不可为的，唯一的选择是坦然接受。

那么，如何面对那些不如意的人和事呢？面对意外和挫折，最重要的是练就一种刀枪不入的平常心。

心灵的平和宁静是一种超然的境界，它让你在高朋满座时不会失常，曲终人散时不会心灰意冷。它能够让你面对人生的起起伏伏、大起大落都能够坦然以待：迎接生活的美酒鲜花，我坦然；面对生活的刀光剑影，我洒脱。这是一种至高的人生境界。

可惜在现实生活中，心灵的平和总被人世间的悲欢离合搅得痛苦、烦躁、失落、惆怅……幸福就这样被腐蚀着、剥夺着、吞噬着，身心负重累累，备受折磨。

你会不会有这样的时刻？想安静的时候却总是心猿意马；想工作却总是精神萎靡；想出去走走，却毫无兴致；想找人聊聊，又不知从何谈起……深陷这类情绪的“沼泽地”而无法自拔，让人惶惶不可终日。

生活不只有风和日丽，也有风雨交加，智慧的人看透了人世间的悲欢离合，知道圆满完美的人生总是不存在的，何必苦苦纠结呢？人的一世就仿佛昙花绽放，只有短暂的瞬间，一切都在虚无缥缈中。大千世界中，哪一个人没有品尝过悲欢离合的滋味？

珍妮一直和丈夫过着拮据的生活，可是不久前丈夫忽然身患重病。面对昂贵的治疗费用，他们不仅花光了家里仅有的一点积蓄，还背上了许多外债。家中已经一贫如洗，珍妮不得不想办法，努力赚钱为丈夫支付每个月高额的医疗费。

那段日子，珍妮觉得孤独、沮丧，每天都有一百个担心。她怕交不起房租，怕没有足够的食物，怕突然断绝了经济来源，无法继续丈夫的治疗……直到有一天，她在一本书里看到了这样一句话：“悲欢离合本就是人生的一部分，保持内心的宁静，坦然打开心中天窗，才能迎接阳光的照耀。”

那一刻，珍妮忽然醒悟，自己的担心与害怕都是不必要的，它们只会让自己陷入更加低潮的情绪中，不如坦然一点，乐观一点，也许生活会有转机。渐渐地，她学会了忘记过去，不惧未来，脑子里只想着如何干好眼前的每一件事情。

珍妮逐渐开朗起来，灿烂的笑容和乐观的生活态度也感染了许多客户，她的销售业绩和个人收入均成倍地增长。有了稳定的收入和及时的治疗，丈夫的病情也一天天好起来了。

生命本就是苦乐相成的，正是因为有这些喜怒哀乐，才让生活变得更有滋味，更加富有寓意。逆境与顺境就像是维持人生平衡的两盏天平，少了其中哪一个，都会产生不协调。将生活中的压力当作一种动力，心胸宽广一些，自然就能够将顺境、逆境拿捏在手了。

人们希望一切都完美，希望所有机缘都能同时出现，希望一路上都是风和日丽、鸟语花香，却没有想到，追求完美本身就是一种极端的不完美，梦境与现实的差别就是如此之大。

在这个世界上，谁都有过收获，谁也都有过失去。生活本来就如一幕幕喜剧，喜怒哀乐满藏其中。如果我们总是刻意地计较，那么何时又是个尽头？看看那些情商高的人，他们在面对生活中的伤害时，往往只是轻轻地转过身，然后自己处理好伤口。他们从不需要他人的怜悯，因为他们已经用自己成熟坦然的心态证明了一切。

被誉为“东方卡拉扬”的日本著名指挥家小泽征尔，曾在初出茅庐的一次指挥演出中被“轰”下场，紧接着又被解聘，但是最终他凭着努力站到了世界级的最高位置。为什么厄运没有摧垮他？因为他始终把荣辱看作人生的轨迹，是人生的一种磨炼。假如他对当时的厄运和耻笑不能泰然处之，也许就没有日后绚丽多彩的人生了。

所以，生命宛如蜡烛，用一时少一寸，既然人生苦短，何不平和对待？面对那些悲欢离合，要顺其自然，学会调适自己的情绪。纵然曾经“高朋满座”，现在“曲终人散”，那又如何？只要你有宽广的胸襟，所有的不顺和残缺都会变成过往的浪花，消失在你的人生长河里。

第04章 不逃避

别在最能吃苦的年纪，选择了安逸

世界上最可怕的事情是比你优秀的人比你更努力。别在最能吃苦的年纪，选择了安逸，否则你终将失去反败为胜与从头再来的机会。

驱除内心的无力感

一个人如果明确目标，并且矢志不渝地追求，就会创造一个完全不同的人生。

当目标与现实之间存在巨大差距时，人们会不由自主地生出一种“无力感”，无力改变现状，无力达成自己的目标，于是不知不觉陷入“抱怨”和“消极”的负能量怪圈。事实上，扼杀我们的往往不是残酷的现实，而是内心深处盘踞的“无力感”，它才是导致我们畏首畏尾、自卑、拖延的罪魁祸首。

阿森从小到大都是大家公认的好学生，他凭借自己的努力考入了竞争十分激烈的法律名校。毕业后，他在同学们羡慕的目光中进入一家颇有声望的律师事务所。那时候，他豪情万丈，憧憬着自己成为律师事务所合伙人的美好未来。

理想很美好，但现实很残酷，阿森在面对各类纷繁复杂的案件时常常感到非常无力。他想掌控全局，但常常是焦头烂额、疲于应付。久而久之，他的心理负担越来越重，直到他感觉自己再也无力背负这种沉重的心理负担了，索性让自己放松下来，于是便患上了严重的“拖延症”。

在外人眼中，阿森每天都很忙，但只有他清楚自己什么也没有做成，忙碌只是故意制造的假象。因无力改变现状而惧怕失败，因恐惧失败而导致拖延，每当庭审日期临近时，阿森就会陷入极度恐慌之中。因为他已经没有时间写案件小结了。

对此，阿森深感自己就像一个骗子，沉重的负罪感压得他无力喘息。再回想自己初入职场时的豪情壮志，他不无感慨地反省道：“我最大的追求就是成为一名伟大的律师，但是我的时间似乎都花在了担心自己能不能成为伟大的律师上，而不是实实在在地去做事。”

从心理学层面来讲，一旦内心生出无力感，主观能动性就会大打折扣，行动积极性也会随之大大降低。没有了行动的有力支持，任何目标和理想都会变成“镜中花”“水中月”。

那么，我们为什么会被“无力感”困扰呢？其实，这是“恐惧”“害怕”的心魔在作祟，现实和目标相差那么远，很难实现，所以我们被自己臆想出来的“困难”吓坏了、打败了。

人前进的动力主要来自对未来的期待、对成功的向往，如果不能克服对未来的恐惧之心，那么将失去前进的动力，在“无力”改变现状的纠结中苦苦挣扎，甚至陷入自责、愧疚的深渊无法自拔。

一个人想要成功，必须暗示自己能成功，并战胜内心的“无力感”。那么，究竟怎样才能驱除内心的无力感，让自己更有执行力呢？

第一，直面现状。

人们之所以会有“无力感”，很大程度上是由于对“现状”不满。比如，穷人对贫穷的现状越是不满，就越想一夜暴富，幻想中的暴富与现实中的贫穷，两者巨大的差异会让人更加消极、挫败，从而产生无力改变现状之感。要想赶走内心的“无力感”，首先必须坦然面对现状，接受现实中的自己。

第二，适度期待。

人们常说“心比天高，命比纸薄”，越是妄想一步登天的人，其命运就越曲折、悲凉，这种说法并非没有道理。从心理学角度来讲，当我们所制定的目标远远超出自身的能力时，就会产生严重的挫败感，从而变得消极，最终只会一事无成。

因此，制定目标一定要合理，对未来的期待要适度。此外，也不要过于看重结果，人生本就是一场旅行，前方的目标固然重要，但也不要忘了欣赏沿途的风景。

无力改变事实，那就改变态度

我们的人生也是如此——当一切准备就绪时，机会却往往很少。所以，必须靠自己争取。

人们有不同的心理体验，在很大程度上是因为受到环境的影响。比如，阳光明媚时心情就开朗，做事也有干劲；而阴雨绵绵之时便会情绪低落，做什么都提不起精神来。不过，外界环境是客观的，而心情则是主观的，我们不能改变外界环境，但是可以控制自己的主观情感。也就是说，快乐还是不快乐，选择权在自己的手上。

生活总是充满了波折，人生也不可能保证事事如意，然而你却可以把那些不愉快的杂质统统清理掉，从而保持快乐的心境。如果无法做到这一点，总是把各种忧愁写在脸上，把各种不满挂在嘴上，那么永远会感觉自己是一个十足的倒霉鬼，并且无论如何努力也找不到任何峰回路转的机会。

抱怨只会增加内心的忧愁，从来不能解决任何问题。一番抱怨之后，照例要面对眼前的厄运，并且这种境况也不会因为多抱怨几句就变好了。特别是当你陷入困境时，如果不立即停止抱怨，注定会让事情变得更糟。

遭遇不幸的人值得同情，但是如果把抱怨与唠叨挂在嘴边，反而会让人讨厌。也许你心里正承受着压力、痛苦，希望找人倾诉，但是一定要控制好节奏，坚持适度原则。一旦把对方当作宣泄的垃圾桶，那么必然招致抵触。这是一种更大的不幸。

既然事情已经发生了，如果没完没了地怨天尤人，终究无济于事，这样只会让自己的心情更加痛苦，情绪也越来越低落，最终也会影响别人的心情。而这一切对于改变目前恶劣的境况没有任何好处，反倒会使别人更加反感你，也会让局面朝着糟糕的方向发展。

另外，生活中的抱怨也不仅仅是一个人的事情。如果一个人抱怨太多，那么在杀死自己快乐生命的同时，还会把友谊拒之门外，也会使爱情的鲜花很快凋谢，最终会让自己建造的乐园化为灰烬。

心情的转换只在一念之间，而选择一个快乐的心情却可以影响做人的态度。无论心情是怎样的，客观现实都是不可改变的，天气不会因为你的心情而选择是阴还是晴，已经发生的事情也不会因为你的心情而改变结果，你唯一能做的就是调节好自己的心情，以积极的心态来面对人生。

诚然，人需要随时发泄自己的情绪，如果为了在别人面前保持一个良好的形象而故意把抱怨堆积在心里，而永远不发泄出来，那么最终只会让自己的心态和情绪变得更加不可收拾。但是，无休止地抱怨只会让人陷入一种恶性循环。

人们因为苦恼而抱怨，也因为抱怨而更加苦恼。这样下去，最后可能会在苦恼中无法自拔。当然，最可怕的后果是你已经习惯了这种遭遇，对生活没有了任何热情，只是得过且过地混日子。请牢记，每个人的一生中都难免有缺憾和不如意，虽然我们无力改变这个事实，但是可以改变看待这个事实的态度。

最糟糕的局面不过是从头再来

你真正想要的是什么？放手去做，全力以赴，别管“能不能”。

现实中，有太多的人曾无数次被逆境击倒、欺凌，甚至碾得粉身碎骨。但是情绪低落、生闷气是没有用的，如果你觉得从来没有这么糟糕过，那就对自己说：反正不会有比这更糟的时候了。这时，你会觉得心中豁然开朗，有了从零开始的勇气。

面对挫折时，想想在奥运赛场上倒下又爬起的运动员，想想从黑暗无声的世界中挣脱的海伦。就算人生再糟糕，你的价值也没有被任何人夺走。只要充满自信并拥有坚忍的意志，就没有人能让你自惭形秽，没有什么能够阻挡你对成功的向往。

生活中，很多人不能正确地看待个人的得失，常常患得患失，为表面的得到而沾沾自喜，失去时又非常生气。其实，得到了不一定就是好事，失去了也不见得是坏事。正确地看待个人的得失，不患得患失，才能真正有所得。失去固然可惜，但也要看失去的是什么，不要因失去而随意生气，就算你的人生再糟糕，也不过是从头再来。

生命是一个漫长的旅途，不要因为一时的失败就放弃，就怒不可遏，境况再糟糕也要有从头再来的勇气。你没有理由抱怨自己的现状太糟，哪怕失败得体无完肤，也只不过是回到了起点，没什么大不了，从头再来就可以。

麦克是一家大型金融机构的投资经纪人。有一次，客户原本打算用全部积蓄投资购买一家公司的小型股票，但是麦克劝阻客户不要投资股票。客户听从了麦克的建议购买了基金，结果客户损失了一大笔钱。

虽然客户并没有怪他，麦克却很自责。时间一长，他变得十分沮丧，还变得容易生气，常常和同事争吵，一直都活在懊恼和对自己的愤怒中。后来朋友、同事，还有客户都告诉他，那个决策从当时的环境来看是很合乎实际的，是在慎重考虑后提出来的，并且他的业绩一直都不错，应该引以为傲。然而，麦克始终无法原谅自己，甚至把自己封闭起来，经常发怒，生活一团糟。

后来，一位心理专家告诉麦克：我们很容易看清楚过去犯的错误，却没有办法预知未来的事情。一切重新开始，没有什么大不了的。在心理专家的开导下，麦克终于原谅了自己，重新投入工作中去，心情也变好了。

其实，生活中的一切都不会像想象的那样完美，接受不完美才有勇气面对现实。在一生中，你要做的事情很多，但不可能面面俱到。所以有时失去是很正常的事情，不要随便就因此而生气，因为这并不是什么难以接受的事情。

这个世界上大多数人都经历过失败，有一些人越战越勇，哪怕失败了也能从头再来，最终排除万难迎来成功；而另外一些人则从此一蹶不振，轻易就被失败打倒，最终陷入了人生的泥沼。其实，所有的不幸和失败都不可怕，可怕的是我们丧失了斗志，只会沉浸在生气中，失去了从头再来的勇气。只要生命还在，跌倒了就爬起来，失败了就从头再来，所有的伤痛都可以治愈！

每个人都是自己思想的产物，只有内心足够强大时，人本身才会变得强大。哪怕一时跌倒，但只要心志坚忍，怀有永不熄灭的成功之梦，就能战胜失败的阴影，在一次次的跌倒中重新站立起来，百折不挠地奔向自己的目的地。

我们相信，一个人最终会成为什么样的人物，并不是先天决定的，也不是被外界环境影响的，而是由自己的信心、意志及行动决定的。如果梦想一直在，一切都可能从头再来。只有胸怀这种信念，才能百折不挠，直面成功而行。

始终保持被激励的状态

优秀的推销员都有一个明确的观念：自己和所贩卖的商品皆为“卓越的物品”。

有什么样的梦想，就有什么样的人生。你今天站在哪个位置并不重要，但你下一步站到哪个位置很重要。在实现梦想的途中，不断设立目标，升级目标，始终保持被激励的状态，你会发现梦想已经不远了。

诺思克利夫爵士被世人称为“新闻界的拿破仑”，其主办的《泰晤士报》也是新闻界的泰斗。在一次公司举办的年会上，诺思克利夫与一名工作人员聊起来，问道："你来公司多久了？喜欢现在的工作吗？"

"来了将近半年了，我很喜欢现在的工作。"那名员工回答。

"薪水多少，是否满意呀？"

"一星期5英镑，非常满意。谢谢您让我拥有这份工作。"

"事实上，我并不希望员工仅仅满足于每星期5英镑的薪水。在将5英镑的工作做好之后，我希望你的目标是每星期50英镑。"诺思克利夫认真地说。

许多人像这名员工一样，仅仅满足于做好分内之事，曾经为梦想许下的誓言大多抛到了脑后。而那些奋斗之后有所成就的人，很快便止步不前。是他们没有梦想了吗？还是缺乏奋斗的精神？都不是，他们依然有梦想，也依然在奋斗着。只是时间长了，信心会衰退，意志会消沉，最后便没有斗志了。

追求一时的精神饱满、斗志昂扬并不是难事，难的是如何一直保持这种状态。行动迟缓、意志削弱的时候，保持被激励的状态才能避免丧失信心、走向崩溃，才能永远朝着为之奋斗的目标大踏步前进。那么，如何保持被激励的状态呢？

第一，永远不忘奋斗目标。

"眼睛所能看到的地方就是你会到达的地方。"的确如此，如果说梦想是一个虚幻的概念，那么目标就是这个虚幻概念中的真实组成部分。实现远大的梦想，首先要确立奋斗目标，并始终牢记于心，激励自己持续进步。

第二，从最实际的目标做起。

制定目标时，不能贪大贪多，要根据自身的实际条件，尽量制定切实可行的目标。目标太大，不但无法实现梦想，反而会带来巨大压力，甚至让人喘不过气来。只有从最切合自身实际情况的目标做起，才能不断攻克难关，始终保持被激励的状态。

第三，不断升级目标。

对每一个心怀梦想的人来说，不管当下处于什么状态，只要拥有积极进取的精神和更上一层楼的决心，不断升级目标，就能离成功越来越近。反之，任何止于原地不前的人，都是另一种形式的退步。

失去了奋斗精神，不再有被激励的状态，原有的梦想就会成为泡影。情商高的人能够说到做到，除了顽强的意志之外，还在于他们懂得自我激励，用目标指引自己前进。

发掘自己身上的“宝藏”

积极的心态来源于积极的思维，而积极的思维又是积极行动的结果。

一位心理学教授曾说：“世界上最大的悲剧不是连年的战争，更不是恐怖的自然灾害，而是一个人从生到死，却从未发现存在于自己身上的宝藏。”

每个人的身上都蕴藏着巨大的潜力，所以从理论上讲，所有的人都有干一番大事的能力。现实生活中并非所有人都取得了成功，有的人功成名就，有的人始终碌碌无为，根源在于人们是否能发掘自身的潜能。

潜能是每个人身上的宝藏，自信的人善于挖掘自身的潜能，让个人能力释放出来，从而得到成长和进步。

1960年的一天，对于安东尼·布尔盖斯来说是个不幸的时间。当时，他被医生告知患上了脑癌，最多只能活半年时间。这对年仅43岁的他来说无疑是个不幸的消息。

当时的布尔盖斯非常挂念妻子在他死后的生计问题。为了能让妻子过上好的生活，布尔盖斯没有时间自怨自艾，他选择了与命运斗争。他坚信自己有作家的天赋，于是开始了文学创作。

一年时间，布尔盖斯昼夜不断地创作了五部小说。尽管不是所有的小说都取得了成功，但是布尔盖斯的脑癌却没有进展，并且还逐渐好转。后来，他并没有因为脑癌去世，而是与妻子快乐地生活着。

布尔盖斯的人生奇迹与他自身的潜能有着直接的关系，可以说是他的潜能拯救了他的生命。既然潜能的力量如此巨大，那么我们怎样挖掘自身的这种宝藏呢?

第一，从优势中发掘潜能。

研究表明，潜能隐藏在一个人的优势中。每个人都有自己的爱好，因此挖掘自身的潜能应从这方面下手，激发出自身的潜在能量。

每个人自出生以来，身体中都隐藏着一项最特别的天赋。然而，大多数人都没能成功挖掘出这项天赋。原因很多，有的是自己放弃了，有的是因为父母的偏见扼杀了孩子的天赋。不管是哪种原因，最重要的是坚持自己的想法，接纳自己，尝试着让个人潜能爆发出来。

第二，在逆境中激发潜能。

只有经历了风雨的海燕，才能翱翔天空。人也是如此，只有经历了逆境，才能懂得奋发图强，才能成长、成熟。逆境总是能最大限度地调动一个人的潜能。因此，多经历一些逆境不是一件坏事。

在这个世界上，大多数人都是普通人，但是，每个人的身上都蕴藏着一个巨大的宝藏。因此，不要低估自己，学会宽容自己、接纳自己，就会充分挖掘出自己潜在的能力，从而开拓出属于自己的一片天空。

勇于逾越自己的心理高度

生命的意义，不仅在于不断实现人生的目标，更在于不断提升人生的目标。

心理学领域有一个著名的跳蚤试验：将跳蚤放置于容器中，然后盖上一个透明玻璃板，这时一拍桌子，跳蚤就会受惊跳起来碰到玻璃板；反复几次后，它的跳跃高度会降低并不再碰撞玻璃板，此时即使拿走玻璃板，它也不会跳出容器。

跳蚤是一种善于跳跃的动物，并不是它跳不高，而是它给自己“设限”，再也突破不了这个限制。

其实，人又何尝不是如此呢？在屡次碰壁的情况下，我们也会出于自我保护的本能，在潜意识中给自己设定一个“高度”，并暗示自己：一定不能越雷池一步，否则就会受到伤害。一旦给自己设立了心理限制，哪怕能力再大、水平再高，最终也难以突破自己，创造出奇迹。

如果你想成为一个不平凡的人，就必须学会突破自我，逾越“心理高度”。

一家企业为了丰富广大员工的业余生活，增强其身体素质，专门组织了一场长跑比赛，起点是企业正门口，终点则是50公里以外的公园门口。

赛程一出，大家开始七嘴八舌地议论：

“天啊，整整50公里？我们又不是马拉松运动员，怎么可能完成？”

“所有人都要参加吗？好担心自己跑到半路撑不住，能不能请假逃过去？”

“谁提议的要组织长跑啊？ 50公里，这不是明摆着要命吗？”

“50公里，反正我跑不到终点，爱怎样怎样吧！”

到了比赛这一天，哨声一响，大家纷纷从起点出发，向终点跑去。尽管大家看起来争先恐后，跑得很有热情，但谁也不相信自己真能坚持到终点。8个小时过去了，绝大多数人都退出了比赛，只有一个小伙子到达了终点，并取得了这次长跑比赛的第一名。

举行领奖仪式时，很多观众都想知道这个小伙子为什么坚持到了最后。原来，他是一个新来的实习生，上班第一天就来参加长跑比赛，事先根本不知道要跑多远。由于和老员工零交流，所以恰好没有被大家的消极言论影响。

所谓“无知者无畏”，他在赛跑线路标示牌的指引下，一路前进，最终到达了终点。

如果你从一开始就认定“这是不可能完成的任务”，那么就算使尽浑身解数，也无法成功完成它。相反，如果没有给自己“设限”，那么逾越心理高度就没什么困难，成功也会变得很简单。

然而，人们总会在社会规则、惯性思维等因素影响下，不知不觉地给自己设立各种各样的“限制”。那么，如何打破这些限制，离成功再近一些呢?

第一，扭转失败的消极观念。

每个人都有失败、受挫、碰壁的时候，遇到困难难免会有失落、沮丧的情绪。这时，一定要扭转消极观念，千万不要因为失败了几次，就灰心丧气，放弃前进。失败是成功之母，越是在失败的情况下，越要扭转失败所带来的消极观念，这是迈向成功的心理基础。

第二，保持乐观积极的态度。

成功学大师拿破仑·希尔曾说：“积极的心态是心灵的营养。”乐观积极的态度不仅能够帮助我们战胜失败后的沮丧，还能给人们带来无穷的力量，进而将反败为胜的雄心发挥到极致，把潜能淋漓尽致地释放出来。只有保持乐观积极自信的姿态，才能给自己少设限，才能更轻松地越过自己心里的那道“坎”。

第三，不要被负面舆论所影响。

人是社会性动物，容易在不知不觉中受到周围舆论的影响。人人都指责你错了的时候，就算你坚持的是真理，也会忍不住动摇。如果整天都处在负面舆论中，那么即便是再大胆、再有能力的人也会逐渐被同化、屈服。因此，要有意识地远离负面舆论，尽可能地减少负面舆论对自身思想和行为的不良影响。

一个人有了心灵上的积极状态，就容易吸引财富、成功、快乐，并保持身体健康。在生活与工作中，我们要明确自己的职责所在，以不断超越的精神突破自我。如此一来，原本灰暗的人生必然会有根本性的改观。

第05章 不悲观

生命只是一场体验，没有谁是谁的永远

心理学家马斯洛说：“心情若改变，你的态度就跟着改变。态度改变，你的习惯就跟着改变。习惯改变，你的性格就跟着改变。性格改变，你的人生就跟着改变。”

主观幸福感强的人更快乐

信仰是对理想结果的信念，是通过科学途径或其他途径获得成功的重要因素。因为就像你看到的，它能激发现实中的力量。

哈里·爱默生·佛斯狄克认为：“真正的快乐未必是愉悦的，它多半是某种胜利的感觉。”一个人主观幸福感越强，就越能感受到快乐，不被外界打扰。

主观幸福感主要是指人们对其生活质量所做的情感性和认知性的整体评价。不同的人对生活会有不同的评价，从而形成积极或消极的情绪体验。

穷人同样可以很快乐，富人一样有烦恼。一个人是否幸福，好多时候不是由客观条件决定的，而是一个人的主观感受和内心评价的结果。时刻保持积极向上的心态，即使在苦难的日子里也能感受到幸福。

一位年轻人总是埋怨自己时运不济，无法变得更富有。为此，他整天愁眉苦脸，过得一点儿也不开心。

一位远行的老人路过，到年轻人家里投宿。看到年轻人紧锁眉头，老人问：“你为什么不快乐？”

“我想不明白，我为什么不富有，日子过得这么艰难。”

“你不贫穷啊，在我看来你很富有！”老人坚定地说。

“是吗，这从何说起呢？”年轻人问。

“假如现在斩掉你一根手指，给你1000元。请问，你会同意吗？”老人提出了假设。

“当然不会同意，我可不想身体残缺。”年轻人坚定地回答。

“假如斩掉你一只手，给你1万元，你会同意吗？”

“那更不可能了，我无法接受。”

“假如让你双目失明，给你10万元，你会同意吗？”

“坚决不会同意。”

“假如让你马上变成80岁，给你100万元，你会同意吗？”

“不同意。”年轻人不容置疑地回答。

“假如让你马上死去，给你1000万元，你会同意吗？”

“不干。”年轻人脱口而出。

“恭喜，你已经拥有超过1000万元的财富。别再抱怨了，别再整天哀叹自己多么贫穷，你有美好的未来。”老人意味深长地说。

年轻人听了沉默良久，终于幡然醒悟了。

在任何情况下，都要对糟糕的情形抱有好的想法，不要担忧和恐惧。处理家庭问题、人际关系和工作中的问题时，尤其需要积极面对眼前的困境。主观上更乐观，幸福感更强，即使面对糟糕的场景也能获得强大力量的支撑。

当灾难降临的时候，外控型人格的人很容易将灾难扩大化，并产生无助感。无助感会产生一种让人进入麻醉状态的无望感，这就是绝望循环。杰出的未来学家朱尔·巴克和宾夕法尼亚大学马汀·西里格曼博士有一项著名的研究，将无助和无望的关系描绘成一个反馈圈，无助产生希望的丧失，无望又会增强无助，它们互相加强，互相促进，最终带来灾难性后果。

每个人都有过悲惨的境遇，被沮丧和悲伤的情绪笼罩，这是正常的生活体验。但是，你不能任由这种不良情绪持续下去，因为它会破坏人的心智。有效的做法是成为一个积极乐观的人，主动引导自己的思想和情绪朝着积极的方向——不只是为自己，也为其他人着想。

富兰克林曾说：“人与人之间的相互关系中，对人生的幸福最重要的，莫过于真实、诚意和热情。”无论周围的人怎么对待你，一定要乐观面对，让对方能够深刻地感受到你的热情，那么抱怨就不复存在了。

从现在开始做一个乐观的人，培养积极向上的心态，学会控制自己的内心，控制自己的情绪，自然就容易掌握自己的命运，始终活在晴朗的日子里。

一个人在主观上感受到幸福，那么他的人生就是快乐的。即便自己一无所有，依然能够感到快乐和满足，就能不被外界的环境左右，让生活充满乐趣。

善于与痛苦的情绪相处

成功人士的人生转折点通常出现在某些危急时刻，度过危机后他们便发现了全新的自我。

人类和动物之所以不同，在于动物只要食物充足，没有危险，就会感到幸福和满足。但是人类在吃饱睡足之后，会因生活中的种种压力而感到忧伤。这些痛苦的情绪不利于人的心理健康，是获取幸福生活的绊脚石。

经验表明，生活充满了偶然性，并不由你完全掌控。在欢笑之外，总会有痛苦相伴。陷入痛苦情绪的时候，如果任由这种糟糕的心情持续下去，整个生活就会变得一团糟。

事实上，痛苦并不可怕。许多人对它不了解，遇见了就选择躲藏，缺乏直接面对的勇气。如果你能够坦然看待痛苦，就能与之和谐相处，并找到妥善处置的方法和策略。在我们身边，更多人不能妥善处理痛苦情绪，结果给自己和家人带来了无穷的烦恼。

帕克生活在美国的加利福尼亚州，是一名积极乐观的高中历史老师。他和妻子结婚五年了，两人在同一所学校教学。平日里，帕克像阳光大男孩一样，总是笑嘻嘻的，能够与人和睦相处。并且，他与妻子的感情也一直很好。然而，一切都在那天下午改变了。

当时，帕克兴高采烈地回到家，手里拿着一束鲜花，准备给妻子一个惊喜。然而，他万万没想到，妻子正在与人偷情。帕克愤怒地与那名男子扭打在一起，妻子吓得大喊大叫。

一怒之下，帕克毅然与妻子离婚了。随后，他开始变得痛苦不堪。他不明白自己做错了什么，也想不通妻子为什么选择背叛。无疑，他很爱妻子，于是开始迁怒于那个男人。

帕克纠结于生活的不公、人性的欺骗，陷入了深深的痛苦之中。显然，药物也无法根治他内心的痛苦。后来，他开始把这种痛苦的情绪展现在家人面前。

生活中，帕克变得桀骜不驯，对家人颐指气使。他开始讨厌父亲，认为他自私自利，根本不爱自己。看到身边的人，帕克感觉每个人都是戴着面具的小丑，内心藏着不可告人的秘密。

慢慢地，帕克变得更加易怒，暴力行为也越来越多。由于始终无法正视已经发生的事实，他只能活在痛苦的角落里，被悲伤包围，整天战战兢兢。

生活中，人们会因为朋友的一句话而生气，但是并没有讲出来，而是憋在心里，为此痛苦不堪。此外，也会因为排队付钱等了太久而郁闷，内心被痛苦的情绪折磨着。这些不良情绪聚集在心里，如果长时间得不到释放和缓解，整个人的状态就会变得非常糟糕。

如何才能与痛苦的情绪相处？人们为此花费了太多时间和精力，却很少有人能走出痛苦的人生。

心理学家提醒人们，在痛苦的情绪还未形成之前，务必要努力化解那些坏心情。比如，心情不佳的时候一定要懂得调剂，有些事不方便说出来就去做运动、听音乐、逛街、吃饭。总之，对不良情绪不能听之任之，才能免受其害。

而当痛苦的情绪已经形成，也不要害怕。勇敢正视它，接纳它，就能有效消除内心的焦虑、担忧和伤感。你可以去看医生，寻求心理治疗；

也可以采用移情的方式，进行自我治疗。

人生是一个五彩斑斓的世界，既有无穷的快乐，也有无尽的痛苦。学会与悲伤的情绪相处，坦然接受已经发生的事，自然会在经历中找寻步入人生下一阶段的路径。如此，你才能有苦中回甘的体验，了解并掌握幸福的真谛。

在痛苦中沉沦和抱怨，没有任何意义，因为已经发生的事自然有其存在的道理。在痛苦中，你可以感受到更加真实的生活，可以看清这个世界的真面目，也可以激发自己更大的潜能。痛苦会让你变得强大，从而在未来的日子里更加坚定和从容。

借助“精神想象操”变得更乐观

当你步入山穷水尽的绝境的时候，离成功也许只有一步之遥了。

研究发现，“想象”是引发情绪反应的重要方式。积极的想象有助于消除负面情绪，减轻心理压力。比如，面对困难的时候，想象自己会找到应对方法，这种积极的思考方式能实现自我激励，获取自信，带来安定、美好的情绪体验。

如果能通过想象唤起积极、乐观的情感，显然有助于我们在关键时刻做出正确的决策，并采取行动。那些总是与厄运相伴的人习惯把事情想得很糟，因此无法享受到积极思考带来的益处。

许多在办公室久坐的人对“多运动”这样的忠告早已厌烦，但是如果引导他们想象自己在沙滩上追逐海浪的场景，你的劝说效果将会完全不同。这就是借助想象激发正面情绪的一种应用。

在医学领域，帮助患者通过想象获得积极情绪，从而改善人体免疫机能，最终抑制疾病，已经收到了令人满意的效果。显然，患者在主观意念上进行积极的想象，以乐观的心境驱散各种不良情绪，有助于战胜病魔。

美国的卡尔·西蒙顿医生一度患上了皮肤癌，但是他没有意志消沉，最终借助积极想象的力量唤醒了身体的免疫机能，战胜了这一不治之症。随后，他根据自身经验创造了“精神想象操”，帮助更多人治疗晚期癌症。

在医生的帮助下，患者闭目静坐，按照“精神想象操”的指导语去做，每天做三次。调查显示，大多数患者在练习之后，明显感觉心情变好了，原来的悲欢、焦躁、恐惧等不良情绪减轻了，直至逐渐消亡。其中，大多数人的生命都延长了，晚期生命质量比以前大大提升。

有一位喉癌患者病情严重，肿瘤几乎阻塞了咽喉，每天只能喝一些果汁维持生命。对此，医生无计可施，告诉病人只能活一两个月。后来，这位患者开始练习“精神想象操”。每天，她静坐在床上，排除杂念，进入美好的情绪体验中。过了一个月，病情有了明显好转，一年后肿瘤竟奇迹般地消失了。

人们在想象的帮助下获取积极情绪，不但能改善身体机能，还能收获良好的心境，让人生充满快乐。这个世界上，许多人生活在困苦、不幸、哀怨等逆境中。原因在于，他们习惯用消极思维想象自己的人生。

英国大文豪萨克雷说过：“生活就像一面镜子，你笑，它也笑；你哭，它也哭。你感谢生活，生活将赐予你灿烂的阳光；你不感谢，只知一味地怨天尤人，最终可能一无所有！”

从现在开始，换一种思维方式想象人生吧。早上醒来，发现自己还能自由呼吸，那么你就应该庆幸自己比在今天离世的人更有福气。如果你从来没有经历过战争的危险、被囚禁的孤寂、忍饥挨饿的痛苦……那么，你要比世界上生活困苦的5亿人幸福多了。

人的一生固然总会有各种各样的不如意，但快乐的人却不会将这些装在心里，他们让心中充满积极想象的力量，所以忧虑与他们无缘。通过想象放松身心，获取积极情绪，应该成为每个人的习惯。

具体来说，在想象的时候可以结合暗示、联想等方法，让自己进入舒适、放松、惬意的情景中。比如，面对沉重的工作压力，你可以想象自己静静地仰卧在海滩上，温暖的阳光照在脸上，轻柔的海风吹拂着身体，海涛演奏着动听的歌谣。

心理学家艾克曼认为，如果能够想象一些情景来唤醒积极情绪，那么就能削弱不良情绪的影响，让内心充满快乐、向上的力量。人生需要梦想，更需要想象美好的未来。

许多时候，幸福人生不在远处，就在心里。借助“精神想象操”激发乐观情绪，你会成为命运的主人，成为人生的主宰。

学会忘记痛苦和不愉快

凡是有决心取得胜利的人，从来不说不可能。

一位哲人曾经说过：“只有学会忘记苦难和不愉快，才能成为最幸福的人。”这句话道出了许多人不幸福的根源，那就是不会选择忘记。

生活总是苦乐参半，有甜也有苦，有乐也有悲。一个人如果长期陷入苦闷、悲愤的情绪中，即使有快乐的事也无法令其振奋，生活注定被乌云笼罩。

面对纷扰芜杂的日子，如果对那些令人不愉快的事耿耿于怀，心里又怎么会装下快乐和幸福呢？每个人的时间和精力都是有限的，只有懂得忘掉那些伤心的人和事，才能亲近美好，远离悲伤和烦闷。

鲍勃·彼得雷拉是美国洛杉矶一位电视制作人，已经六十多岁了。不过，他依然保持着充沛的精力，每天都奔波在工作的第一线。

由于工作上的需要，鲍勃需要每天记住很多繁杂的事情，所以练就了非凡的记忆力。当然，他的这一天分从小就体现出来了。他清楚地记得自己五岁之后发生的每一件事。

这种超凡的记忆力得到了同事的赞扬和崇拜，也令鲍勃一度陷入焦虑。原来，他不但记得过去美好的经历，也忘不了曾经的种种痛苦。细心的人会发现，鲍勃经常会莫名其妙地情绪低落，或者突然间变得忧心忡忡。

原来，他遇到了某个人，或者听说了某一件事，就回忆起以前一段不开心的往事。这种不快乐的记忆碎片占据了心灵，令人伤悲，也带来了无尽的苦恼。

记忆力太强的人，如果不能忘记那些令人伤心的人和事，就会陷入悲伤的情绪中，无法与快乐为伴。因此，懂得忘却是摆脱忧伤的必要方法。

澳大利亚作家朗达·拜恩提出过一个重要的人生哲理，即“吸引力法则”。他说，思想像磁铁一样有磁性，有着独特的频率，如果你在想一件开心的事情，那么生活中那些开心的经历都会向你飞奔过来。同理，如果你在思考痛苦的往事，那些不愉快的事情也会纷至沓来。

对每个人来说，情绪是自己最好的医生和老师，它会告诉你在想什么，心里装着什么。当你为考试失利、工作不顺、爱情遇挫等精神萎靡时，如果无法逃离这些令人伤感的事，即使买橘子时遇到一个坏橘子都会让你感到生活是那么不公。

当生活变成了吹毛求疵，当神经变得脆弱敏感，忧伤就会把人带进痛苦的深渊，日子一长就会在沉沦中迷失自己，最终被黑暗吞没。

笛卡尔曾经说过：“我思故我在。”一个人有怎样的心思，就会有怎样的生活。从心理学角度分析，悲伤情绪并不取决于多么悲恸的事件和打击，更多源于内心对伤感的沉迷与无法驾驭。学会遗忘，无疑是告别悲伤的有效策略。

忘记不愉快的事情，并不是让人选择逃避，而是感悟人生后的抉择。令人悲伤的事已经发生了，就去理解和接受它，而不应被它牵绊、操控。

放下它，忘记它，然后轻装上阵。当一个人没有负担，没有太多杂念的时候，自然容易发现生活中令人欣喜的事情。

同理心太强的人更容易情绪化

人类最普遍的弱点就是习惯于敞开心扉接受他人的消极影响。

情商高的人能感知他人的情绪和心理，准确理解他人的想法，从而有效与人沟通、交往。他们善于换位思考，同理心很强，任何时候都能善解人意。但是，习惯进入他人的情绪世界，难免会受到不良情绪的影响，无端生出各种烦恼。

同理心（Empathy）是通过感知和想象他人的情绪状态，体验他人的感受或在特定情境中会有什么感受的心理过程。也就是说，同理心是站在他人立场思考问题的移情能力。显然，同理心强的人能充分体会他人的感受，理解他人的情感。

然而，过于在乎他人的感受，而忽视了边界，就会被对方牵着鼻子走，以至失去了自我。对一个情绪控制能力差的人来说，同理心太强不一定是好事。

珍妮在旧金山从事心理咨询工作，帮助那些在生活中陷入困顿的人摆脱烦恼。由于专业知识深厚、实践经验丰富，她在业内小有名气。

在感情上屡屡受挫的人上门求助，珍妮会帮助对方分析性格上的偏差，找到改善自我的方法。在工作中无法与同事相处的人也慕名而来，珍妮会从提高情商入手，帮助他们学会与同事相处，积极融入团队。

还有一些脾气暴躁，甚至神经质的人找到珍妮，向她倾吐内心的种种不满，希望从痛苦中解脱。通常，这类人是最棘手的，也会耗费珍妮更多精力。

一开始，珍妮始终以专业精神帮助顾客解决各类心理问题，但是时间一长，她发觉自己越来越焦虑。丈夫也发现了这种变化，提醒珍妮放松，不要给自己太多压力。

然而，随着时间推移，珍妮发现自己的精神状态越来越糟糕，有时候还会与顾客争执起来，这令助手疑惑不解。事后，珍妮后悔不迭，为什么自己会情绪失控呢？最后，她找到了大学时代的老师，希望从中获得帮助。

听完珍妮的倾诉，老师微笑着说："你在工作中要充分理解顾客的心理需求，会不自觉地进入他们的情绪状态。时间长了，你自然会体验到各种不良情绪，并深受其害。"

接着，老师指着地上的垃圾桶说："就像它一样，如果被各种垃圾填满，一个人怎么会有好心情呢？出于工作需要，你有很强的同理心是优势，但是如果无法及时从不良情绪中脱身，这反而会伤害到你。"

听完老师的分析，珍妮终于找到了自身的症结，开始尝试着努力摆脱各种负面情绪的干扰。她的经历提醒我们，一个人有同理心是好事，但是如果太强却可能变成坏事。

研究表明，"同理心"包括认知同理和情感同理。其中，"认知同理"是指准确地感知、理解和预测他人情绪的能力，也就是推断他人心理状态的能力。"情感同理"是指分享他人情绪的能力，以及对双方感受进行区分、比较的能力。

同理心强的人情感丰富、观察敏锐，能在第一时间感知他人的心理变化和情绪波动，也会在无形中让自己产生相应的情绪体验。但是，这种情绪体验如果是消极的、不良的，而当事人无法及时从中抽身，那么时间久了就会反受其害。

由此看来，环境塑造情绪不仅包括气氛、场景等外在的东西，还与个人的情绪感知能力紧密相关。一个人同理心太强，就意味着极易受到他人情绪的感染，从而经受各种折磨。

对那些无关紧要的人和事，不必放在心上。因为你暗中为此抓狂，非但无法帮助他人，还会乱了心绪。把自己变成一个受害者，大可不必。

充满鲜花的世界在自己心里

你能想到的，并且相信的，最终会变成现实。

生活应该是什么样子的？为什么你总是不快乐？其实，心情的颜色就是生活应有的色彩。如果心情是灰色的，生活就不会阳光明媚。一个人只有让内心开满鲜花，他的世界才会是幸福的。

如果你还在抱怨不快乐、不幸运，自己不被人理解，那么首先要调节一下心情。当你变得积极乐观了，你看到的世界一定不再是灰暗的。正所谓心境决定心情，主动调节心理才会有良好的情绪体验。

在一个阴雨的星期六早晨，牧师准备讲道，妻子外出买东西了。小雨淅淅沥沥地一直下个不停，小儿子约翰吵闹不休，令人厌烦。

牧师无法静心做事，无奈之下随手拾起一本旧杂志，一页一页地翻阅，最后翻到一幅色彩鲜艳的大图——世界地图。随后，他从杂志上撕下这一页，再撕成碎片，丢在地上说：

“小约翰，如果你能拼好这些碎片，我就给你2美元。”

牧师以为这件事会使小约翰花费一个上午的时间，并因此安静下来。没想到，还不到10分钟，小约翰就走过来，上交父亲布置的任务。

看着完整的拼图，牧师疑惑地问：“孩子，你有什么方法，这么快就把图拼好了？”

“这很容易啊！”小约翰自信地说，“你看，在地图的背面有一个人的照片。我按照人像把碎片拼到一起，然后再翻过来，地图也就拼好了。我想，如果这个人是正确的，那么这个世界就是正确的。”

牧师笑了，高兴地给了儿子2美元，还不停地赞叹：“你也替我准备好了明天的授课主题。如果一个人是正确的，他的世界也会是正确的。”

人生不如意之事十有八九，所谓“心想事成”不过是对生活的美好祝愿。遇到一些不顺心的麻烦事，应该怎样解决呢？有的人会把每一件不如意的小事堆积在心里、挂在嘴上，而后不停地抱怨，搞得自己心情很差、情绪很糟。精神状态不佳，不但自己烦躁不堪，身边的人也不得安宁，一系列连锁反应让自己的世界变得杂乱无章。

其实，所有的麻烦都可归结为心理问题。你认为它是麻烦，它就是难以解决的麻烦；你认为它不值一提，它就无法影响你的生活。有智慧的人遇到任何事情时都能气定神闲，找到应对之策，首先在于他们有强大的心灵。

试着换一种思维，换一个角度，用另一种方法思考一件事情，结果会大不同。如果你想改变这个世界，首先要改变自己。如果你的思维是正确的，你的世界也会是正确的。当我们用积极的态度看世界看生活的时候，有些问题便会迎刃而解。

在我们身边，许多人抱怨工作压力大、生活不如意，尽管他们的遭遇千差万别，年龄也各不相同，但是可以断定，他们的烦恼都源于心理问题。当内心失去了平衡，变得脆弱不堪时，外界的任何风吹草动都可能把人压垮。

什么是心境，其实就是对待生活、对待人生的一种态度。乐观的心境成就快乐的人生，悲观的心境造就阴郁的人生。请保持良好的心境，每天让自己多一些开心，少一点忧愁。

苦难和困难都是一时的

一切逆境中应含有与逆境旗鼓相当或更大利益的种子。

在人生旅途上，每个人都要受到命运之神的捉弄，它让你烦恼、痛苦、屈辱。面对人生的沧桑，我们许多时候都是无能为力的。这时候，你要沉住气，坚守内心的理想，迎接转机。

控制自暴自弃的冲动，不选择逆来顺受、消极颓废，也不逃避事实、胆小怕事。那么，你就能不屈于命运之神的诱惑，在沉默中悄然立下远航的信念。

沉住气的人可以把难熬的寂寞、怨愤、艰辛强压在心底，不会倾斜心灵的天平；相信寒冰终能解冻，春天必会来到，暴风雨过后的天空更加美丽。倔强的心灵在低调中熬炼，坚强的意志在忍耐中生成，强大的爆发力在沉静中积蓄。

如果你能沉住气，即使面对人生的无奈也能守住阵地，迎接转机来临。反之，遇事沉不住气，做人太情绪化，不利于成就事业，只会让你错失良机。

最近，杰克的公司发生了一件离奇的事故——有人在电梯里遇难。据说，死者的表情很惊恐，像是被吓死的。结果，这件事情传得沸沸扬扬。

有人猜测，是检修人员失误才导致的这次事故；还有人猜测，可能是因为当时停电了，然后被困在电梯里，因为缺氧导致死亡。不管什么原因，一个鲜活的生命消失了，的确是一种遗憾。

最后，调查人员给出了结果，这个人是因为惊吓过度，导致突发心脏病猝死的。也就是说，当时一下子陷入黑暗，又无法自救，当事人因为过分惊恐而遇难。

遇事慌乱的人，失去了最基本的理性分析和判断，又如何迎接更艰巨的挑战和考验呢？无论面对怎样的危难，都能处变不惊，才能妥善应对眼前的一切。

人生在世，一步一步向前走，其实就好像爬山一样，当你筋疲力尽地爬到山顶，以为接下来就是平坦大道，但出现在眼前的却是一片沼泽。难道因为害怕就不走了吗？不，请继续坚定地走下去。沉住气，保持情绪稳定，更伟大的胜利在等着你。

福楼拜曾经对学生莫泊桑说："天才，无非是长久的忍耐！努力吧！"高耸的丰碑、辉煌的业绩都诞生于忍耐之中，生命的负债往往正是生命辉煌的开始。当你陷入痛苦的深渊又无法扼住命运的咽喉时，要心平气和地接纳当下所处的弱势，然后发愤图强，争取早日冲破牢笼。

沉住气的人能有效控制情绪，不被外界打扰心绪，所有的痛苦都能够在忍耐中得到淡化，所有的眼泪都能够在坚忍中化作轻烟。这样的人生，想不精彩都难！

即便前面是沼泽，沉住气，想想办法，一样可以一步一个脚印蹚过去。最重要的是要有一颗淡定的心，学会在忍耐中锲而不舍地追求，学会不屈服于种种障碍，继续不停地做自己分内的工作，从而笑到最后。

第06章 不自欺

你所谓的稳定，不过是在浪费生命

你眼里的平淡，不过是平庸而已；你心中的稳定，不过是在浪费生命。年轻的时候，只有每天进步，才是稳定地生活。记住，别让瞎忙毁了你！

及时转弯才能避免出局

行动是最为关键的一步，因为如果没有行动，即使是最好的计划和目标也是毫无价值的。

面对拥堵的道路，聪明的司机会选择绕道走，虽然多走一段路，却节省了一些时间，提早到达目的地。人生路上何尝不是如此？当你被困难、挫折抑或是其他繁杂的事情阻挡的时候，不妨试着让自己的思维转一下弯。也许，你一次及时的转弯将会成为通往成功的捷径。

有一个伐木工人，应聘到了一家报酬很高、工作条件也不错的木材厂。他特别珍惜这份工作，下定决心要好好干。

上班的第一天，老板给了伐木工人一把利斧，让他在划定的范围内砍伐林木。为了让老板满意，他使出全身的力气，马不停蹄地砍了起来。快下班的时候，他已经砍了十五棵树。老板看到后，拍着他的肩膀说："不错，就这么好好干！"

伐木工人受到了老板的称赞，觉得更有劲头了。

第二天，伐木工人仍然非常卖力地砍树，可是，他只砍了十二棵。

第三天，他认为自己昨天偷懒了，想把昨天少砍的树补回来，所以更加卖力地砍树。可是，他只砍了九棵树。

出现这种情况，伐木工人觉得很惭愧。于是，他去找老板说明情况。老板耐心地问了他很多问题，最后说："你上一次磨斧子是什么时候？"

工人似有所悟地回答："我整天只知道努力砍树，一直没有磨斧子啊！"问题的症结终于找到了，伐木工人只顾埋头砍伐树木，却忘记了"磨斧子"，结果只能使自己的工作效率越来越低。

有时候，顽强的毅力和吃苦耐劳的精神并不会将你领向成功，你还需要会思考、学会寻找捷径。一条路，到了该转弯的地方若是不转，硬着头皮坚持，将会一无所获。只有及时转弯才能避免出局。

有一位搏击高手，参加了一次锦标赛。他认为夺得冠军对于他来说是十拿九稳的事。

可是，他在最后的决赛中碰到了一个实力很强的对手，双方都拼尽全力出招攻击。打到了中途，搏击高手才意识到，自己竟然还没有找到对方招式中的破绽。而对方的攻击却能够突破自己防守中的漏洞，有选择地打中自己。

比赛的结果可想而知，搏击高手惨败在对方手下。

比赛结束后，他找到自己的师父，把搏击的过程一招一式认真地演练出来，想请师父帮他找出对方招式中的破绽。

看完他的演练之后，师父笑而不语，只是在地上画了一道线，要他在不能擦掉这道线的情况下，设法让这条线变短。

这让搏击高手有些疑惑不解，哪有能使地上的线变短的办法呢？他冥思苦想了半天，也没想出办法，只好向师父请教。没想到，师父在原先那道线的旁边，又画了一道更长的线。这样一比较，原先的那道线，看起来的确短了许多。

接着，师父说："要想夺得冠军不仅要懂得如何攻击对方的弱点，还要懂得适时转弯。正如地上的长短线一样，如果你不能在要求的情况下使这条线变短，你就要想办法寻找另外一条更强的线。也就是说只有你自己变得更强,对方就如原先的那道线一样,在相比之下就变得较短了。至于如何使自己变得更强，这就需要你苦练本领了。"

听到这里，搏击高手终于明白了。他牢牢记住了师父的教导：搏击要用脑，要学会寻找对方的弱点进行攻击。同时，还要懂得转弯——使自己变得更强，自己强大了，对方自然就变弱了。

在通向成功的道路上，有无数的坎坷与障碍，需要我们去跨越、去征服。如果感到目前的方法行不通，就应该果断尝试另一种方法。

只有及时转换思路，选择更加有效的方法，才能使自己顺利地到达成功的彼岸。

有许多满怀雄心壮志的人虽然有着坚强的毅力，但由于自身只会墨守成规，不会让自己的思维转弯，进行新的尝试，因而无法成功。有道是："此路不通，走彼路。"当一条路或一种办事方法行不通的时候，一定要学会及时转弯。只有懂得及时转弯的人，才能发现未知的自己。

水能流至大海，就是因为它能及时、巧妙地避开所有障碍，不断拐弯前行。许多聪明人没能走上成功之路，大多是因为不懂得转弯。人生路上难免会遇到困难，如果你能够及时拐个弯，绕一绕，逆境也能变成机遇。

避开没有意义的坚持

从某种程度来说，坚持也许会是一个错误，但坚持时间过短或根本就不坚持则是更大的错误。

一生当中，有时候会遇到小坑，这时候你轻轻地一跃就能过去，但是当你遇见一堵高不可攀、坚不可破的厚墙时，纵然你撞得头破血流，也难以逾越，这时候最好的选择就是低头认输，绕道而行。这样，你就能够及时地调整前进的方向，争取赢得时间和机遇，发挥你自身的潜能和优势夺取成功。

学会认输，是为了避开无意义的坚持，避开没有必要的争端，避免无谓的浪费，从而以退为进，赢得转弯后的胜利。懂得认输，并不代表胆怯和懦弱，而是一种清醒的认识。生活中你不可能处处都是赢家，如果一味地逞强，反而会输掉自我。

大学毕业以后，李娜听从家人的建议，到亲戚的公司任职。一开始，她很享受每天朝九晚五的日子，加上薪水也不低，所以过得很自在。过了半年，李娜厌倦了一成不变的工作模式，希望选择一个富有挑战性的岗位。

父母知道了女儿的想法，劝她踏踏实实上班，别异想天开。他们认为，女孩子就应该有一个稳定的工作。李娜拗不过父母，坚持在亲戚家的公司上班，一晃过了两年。

期间，李娜多次萌生了离职的想法，甚至与父母吵过架。她无法欺骗自己，眼前的工作太枯燥了，这样日复一日地消耗着自己无异于自我毁灭。与其稳定地熬过每一天，不如冒险开启全新的生活。

想通了以后，李娜找到父母，进行了真诚有效的沟通。最终，父母答应她去外面闯一闯。离职以后，李娜来到上海这座梦幻之都，选择到一家销售公司任职。大学期间，李娜学的是心理学专业，她把所学知识运用到销售工作去，效果出奇的好。

在工作中，李娜注意练习销售话术，不断积累人脉，慢慢打开了局面。过了两年，她成为上海分公司的销售经理。

生活是丰富多彩的，在有限的生命里，我们要敢于挑战自己，开启一段新的旅程。一种工作，一段感情，未必完全适合我们，有时候要学会认输，避开没有意义的坚持，循着内心的真实想法去行动。

显然，只有懂得认输、学会认输，才可能是最后的赢家。认输之所以令人难以接受，是因为它看起来就是承认失败。是的，人需要永不言败的信念和勇气，但是有些时候，不屈不挠和坚定不移不一定完全行得通，一条道走到黑的并不是英雄，死不认输也只会耽搁自己。如果能将这种“死不认输”的心结打开，你就会成为另一种意义上的强者。

认输，就是要直面现实，实事求是。美国有一位拳王说过：“任何拳手都不可能打败所有的对手，而优秀的拳手知道在恰当的回合认输。因为，如果及早认输，下次还有赢的机会；如果逞能，被对手打死或被打垮，那么连赢的机会都没有了。”

认输，就是要看清现实，承认差距。人和人之间，在智力上、体力上、技艺上以及知识构成上总是存在差距的。在生活中搭错车的事总是难免的，如果你发现自己坐的车与自己要去的目的地方向不同时，就要立刻下车，如果非要一条道走到黑，只能南辕北辙，距离自己的目标越来越远。

认输，就是要承认现实。懂得认输，就是不要盲目蛮干，不要一味硬撑；认输，说明你善识时务，知道避凶趋吉。一次认输，不代表你全盘认输，短暂的低头是为了长远和全局的胜利。需要认输时不认输，会贻害无穷；需要认输时果断认输，则受益匪浅。

认输，就是要审视现实，重整旗鼓，而不是一蹶不振、自暴自弃，也不是无原则地退让。人的生命有限、知识有限，如果想赢就要学会认输，别将自己的生命和时间放在一些无谓的事情上面，而是要将精力更多地放在有益的事情上。这样，你才能正确地做事，顺利地到达成功的彼岸。

大胆走出思维舒适区

我们唯一的局限就是那些自己在内心设立并接受的局限。

早在1908年，心理学家罗伯特·M. 耶基斯和约翰·D. 道森做过一个关于“舒适区”和“最佳焦虑期”的经典心理学实验。

实验结果显示：相对舒适的状态可以使人的行为处于一个稳定水平，从而获得最佳表现；但是“舒适感会消灭生产力”，一旦因期限和期望所造成的不安和焦虑消失了，人们往往就会活得心安理得，从而缺少学习新技能的干劲，也少了工作的效率与激情。

“生于忧患，死于安乐”，如果一味贪图“舒适区”的安全感，任由自己享受舒适而不思进取，得过且过，那么迟早会被激烈的职场竞争淘汰出局。避免“温水煮青蛙”的悲惨命运，必须走出“舒适区”，到“最佳焦虑区”锻造自己，挑战自己。

所谓“最佳焦虑区”，即压力略高于普通水平的空间。从专业心理学角度讲，如果你想保持“高效率”，锻造较强的自控力，就必须借助压力和适当的焦虑来督促自己。

三年前，杰克是一个极其木讷的程序员；三年后，他摇身一变，成了互联网行业颇有名气的成功投资人。他的传奇经历，是朋友们津津乐道的话题。那么，究竟是什么促成了杰克在职场上的重大转变呢？

编写计算机代码并不是一份轻松的工作，但随着工作经验的增加，杰克从一个初入职场的菜鸟逐渐成为一名资深“码农”。工作上不再有挑战，薪资虽难提升但还算优厚，尽管没有升职空间但工作很稳定。自从成为“熟手”，杰克的整个工作状态就进入了“舒适区”，没有任何危机感和焦虑感。

人一旦习惯于某个职业环境后，就会出现一种环境依赖症，久而久之就会丧失“跳槽”或“离开”的勇气，因为不管是辞职还是转行都是“舒适区”之外的东西，是不确定的，是危险的。杰克也是如此，在公司工作长达六年后，要做出“离职”的决定是十分艰难的。

是继续做一个编程员，安安稳稳地工作，舒舒服服地生活；还是放弃现有职业，投身一个完全陌生的领域？是选择稳定收入，还是冒险寻求更大的发展机遇？离职后去做金融投资，万一失败了怎么办？

一边是令人心动的新机会，一边是稳定舒适的旧生活，当两条路摆在面前时，杰克非常纠结。今天想好了放弃新机会，结果明天一早又推翻了这个决定，经过长达两个月的无数次思想博弈后，杰克最终决定离职，并跟随一位亲友转战金融投资领域。

尽管在刚刚进入投资领域时，遭遇了很多挫折和挑战，但回想起那段经历，杰克十分感慨地说道：“事情一旦干起来了，就会发现远远没有想象中的困难。如果当初没能走出‘舒适区’，没有做出改变，那么今天我肯定还是三年前那个木讷的程序员。”

贪恋舒适区是一种本能，但如果想突破现有的工作瓶颈，改变碌碌无为的现状，真正做出一番事业来，就必须主动走出“舒适区”，并秉承着挑战自我的精神积极走进“焦虑区”，借助适度的压力激发自己的潜能，挑战自己的极限。否则，你永远都不知道自己究竟有多优秀。那么，究竟怎样才能更好地走出心理上的“舒适区”呢?

第一，下意识地做点不同的事。

沉湎“舒适区”多半是由过于单一、封闭的环境造成的，所以不妨有意识地做一些与众不同的事情。比如，工作时换一种工作方法，去陌生的餐馆吃饭，学习一项新技能，参加陌生的户外活动，等等。

这些改变看上去很微小，但只要能够长期坚持，那么必然能够在“改变”中找到新视角，从而一点点开阔视野，一点点增加心理上的软性收益，并最终为我们走出“舒适区”提供精神动力。

第二，大力开放自己的头脑。

“井底之蛙”之所以会自我感觉良好，是因为它的视野只有那么大。没有看到世界的全貌，没有看到其他领域的诱惑，自然甘于在“舒适区”中过安全日子。想改变这种状况，就必须让自己产生离开“舒适区”的动力，为此大力开放自己的头脑。

比如，多参加各类聚会，通过周围人了解不同的职业领域；多听听周围人的意见以及建议；运用头脑风暴法增加自己的思维广度等。

仇恨别人其实是伤害自己

过分膨胀的自我好比一座监狱，如果你想享受充分的生活乐趣，就必须从中逃脱出去。

人生在世，谁的生活里不遭遇几个可恨的人？职场上，有人跟领导说你的坏话；情场上，有人挖你的墙脚；商场上，有人抢你的订单……如此算来，每天都会遭遇几个不讲理的人，难免激起你心中的恨意。

可是，你真的该恨他们吗？不该，太不该了。因为你恨得咬牙切齿，别人根本不知道，照样我行我素；而你不知疲倦地恨着，耽误的是你的精力，危害的是你的身体，影响的是你的心情。

爱默生说：“如果你将仇恨的锁链拴在敌人的脖子上，那么锁链的另一端，就会牢牢拴在你的脖子上。”生活经验告诉人们，不管理由如何，仇恨总是不值得称赞的。潜留在内心的侮辱，永难平复的创伤，会损害生活中许多美好的事物。

一位朋友曾接到爱发牢骚的亲戚来信，他说：“我永远记得，新婚的嫂嫂和哥哥在我生日的那天一同外出旅行，而没有对我说一句祝贺生日的话。”这句话的言语之中就埋着仇恨的种子，而这通常也是损害身体的毒药。

研究显示，头痛、消化不良、失眠和严重的疲倦等，是心怀怨恨的人常有的生理症状。医学院曾做过一次调查，结果显示：与心情较为愉快的人相比，心存怨恨的人更经常进医院。医务人员所做的试验显示，患心脏病的人常常不是工作辛劳的人，而是抱怨工作辛劳的人。最易引发高血压的原因，莫过于外表好像很安静，内心却被强烈的怨恨煎熬，惴惴不安。

与仇恨情绪作战的第一步，便是确定仇恨情绪的来源，如果人能坦白地检讨，会发现十次之中有九次，其原因很接近于这一点。忽略自己的缺陷与弱点，乃是人之常情。在任何可能的时候，人们总会把自己的短处理解成别人的错处，而后加以无以名状的怨恨。

“这是很奇怪的现象。”心理学家说，“我们好像觉得自己的过错比别人的过错要轻微得多。我想，这是由于我们完全了解有关犯下错误的一切情形，于是对自己多少会心存谅解，而对别人的错误则不可能如此。”

发现了仇恨的根由之后，第二步要做的是忘记它。理智的人不仅抛弃宿怨，还经常用新的梦想和热诚填平心灵的洼地。心理学家说，人们不能同时拥有两种强烈的情感，既要爱又要恨，那是不可能的。仇恨大部分是以自我为中心的，所以如果想忘记自己，最好的方法便是帮助别人。

在帮助别人之后，你会发现在这个世界上，善意总是多于恶意。一所大学的研究结果显示，一种真正以友谊待人的态度，65%～90%的情况下可以引起对方友善的回应，增进好感。因此，人们常说："爱产生爱，恨产生恨。"

不要一味地怀恨他人，否则怨恨将难以消除。心怀仇恨寻求报复，虽然可以使自己的恨意消除，但这只是暂时的解脱，接踵而来的是仇恨的不断循环。许多怨恨的产生，是因为含有浓厚的敌意，因此必须先化解敌意，仇恨才能消失。唯有原谅对方的愚蠢，才能使我们常保心灵清净。别人的非难，是上苍赐予的磨炼，我们不但要坦然接受，而且心中要存感谢之念。

一定要远离负能量的人

如果你认识那种总是看到生活的消极一面，总是不停抱怨的人，那就尽快跟他们断绝关系。

趋吉避凶，喜阳光，憎阴暗，是人的本能。有的人，第一次见面就让人喜欢，令人亲近；而有的人，第一次接触就让人不舒服，甚至厌烦，只想远离。

在我们周围，经常会遇到这样一些人：索取别人，压榨别人，困扰别人，他们是携带负能量的人。如果一味地迎合与承受，那么你的正能量便会渐渐变成负值。直到有一天，发现自己也是负能量的携带者了。

与负能量的人相处久了，你会发现自己很快显出疲惫之态，无论做什么都提不起精神。比如，同事整天发牢骚，把情绪垃圾往别人身上倾倒，这时候要敬而远之。显然，没有人喜欢和负能量的人交往。

肖静大学毕业后，孤身一人到北京打拼。她是一个不喜欢出风头的女孩，不爱说话，有些内向。所以，每次与同事交流的时候，肖静总是以倾听为主，微笑面对。虽然已经工作大半年了，但是关于她的负面新闻很少。

过了几个月，公司里来了一个叫吴燕的新员工。这个人与肖静截然相反，每天都喜欢大呼小叫。本来办公室里的人际关系就不太好，争风吃醋的事时有发生，而自从吴燕来了之后，这样的事更加频繁了。

过了没多久，同事就发现，吴燕喜欢打探别人的隐私。公司里只要有闲谈的人，她肯定是其中的一个。最关键的是，吴燕像一个高分贝的喇叭，只要她知道了某件事，就等于整个公司都知道了。

有一次，肖静和一个女同事在洗手间说了一点儿私人的小秘密。结果，吴燕听到了，当天下午，谈话内容便传遍了整个公司。经历了这件事，同事便开始躲着吴燕，减少与她碰面的机会。又过了两个月，吴燕实在没办法在公司待下去了，主动提出了辞职。

而肖静因为谨言慎行，在工作中积极进取，得到了同事和领导的认同。后来，在公司设立分公司的时候，她被同事推选为部门主管。

和负能量的携带者交往，会身受其害。不仅可能卷入负面能量的旋涡，还会影响正常工作，伤害人际关系，甚至丢了工作。你的时间和精力最宝贵，不允许被挥霍。因此，要远离负能量的人，始终保持积极向上的心态，应对生活和工作中的一切挑战。

那么，哪些人是负能量的携带者呢？这里做一个简单介绍。

第一，经常抱怨的人。

喜欢报怨的人很多，他们总爱数落工作和生活中的种种不满，让本来安心工作的人也受到波及。据了解，抱怨是生活和工作中最易传播、辐射最快、最广，也最具杀伤力的“负能量”。

第二，浮躁的人。

每个人都想成功，但是成功并非一蹴而就。很多人急于求成，妄想一夜暴富。这种人做事往往不够踏实，很容易破坏团队的协作和平衡，也容易使周围的其他人变得浮躁。

第三，自卑的人。

有些人做事总是畏畏缩缩，在工作中不敢承担重任。生活中，这种人胆小怕事，不爱与人交往，虽然他们对外界不会构成威胁，但是仍然要敬而远之。

第四，忌妒心强的人。

这是一个以成功论英雄的社会，很多人在看到别人取得成绩的时候，会觉得脸上无光，于是便心生恨意。一味地敌视别人的进步和优势，便会陷入负面情绪，所以忌妒心强的人也是负能量的携带者。

此外，盲目攀比的人、懒惰的人、多疑的人……都或多或少地携带着负能量，对这些人要敬而远之，不被负能量牵连。一旦发现自己陷在“负能量”里，一定要及时分析得失和利弊，果断从这个负能量场中抽身出来，对自己进行重新定位，并进入积极乐观的生命状态中。

无论何时都要看到希望

不会从失败中寻求教训的人通向成功的道路是遥远的。

生活失去了希望，就好像人失去了灵魂，成了行尸走肉，虽然还是活在阳光之下，行走在人群之中，却已经不再是一个完整的人了。生活中看不到希望，无论对自己还是对身边的人，都是磨难。

人总会有情绪低落的时候，无论是因为感情不顺利，还是因为工作不顺心，都不能活在无望的世界里。哪个人没有在工作上失败过？如果所有人都选择放弃，那么这个世界该是多么颓废。

对一个人来说，“希望”意味着什么呢？它像沙漠里的绿洲，像荒岛上的同伴，像流泪时的一片纸巾。也许这些看似都不重要，但是却支撑着一个人的全部。人生没有了希望，也就失去了方向，失去了目标，那和咸鱼还有什么分别呢?

古罗马时期的战场上，两军陷入对峙，情势异常危急。守城的将军派一名士兵到远处的河对岸求援，如果增援的部队在第二天中午还没有赶到，整座城市将会沦陷。

负责求援的士兵一路策马狂奔，终于来到河边的渡口。然而战火纷飞之际，船夫早已四散而逃，渡口边上看不到一只木船。此时正值寒冬，河水冰冷刺骨，士兵游到对岸并不现实。

如果不能完成任务，整座城市将会陷入水深火热之中。士兵重任在身，却无法过河，顿时急得像热锅上的蚂蚁。天色渐渐暗下来，最后陷入一片漆黑。士兵越发变得恐慌，如果找不到出路，自己即便不被敌人杀掉，也会因冻饿而死。

更糟的是，到了半夜寒风凛冽，竟然下起了鹅毛大雪。士兵蜷缩成一团，几乎没有一丝力气了。漫漫长夜中，他感觉希望渺茫，但是仍然默默地祈祷：“上帝啊，求你让我活过今晚，求你让我活过今晚！”

不知过了多长时间，天边渐渐发亮，士兵已经奄奄一息。过了一会儿，太阳照射出光芒，大河的水面竟然结了一层厚厚的冰。士兵喜极而泣，急忙用手敲了敲冰面，又试着站在上面走了几步，确认冰层非常结实以后，他快马加鞭到达对岸的城市求援，最终成功挽救了败局。

正因为心存一丝希望，士兵终于等到了转机，迎来了柳暗花明的那一刻。由此看来，世界上没有绝路，只要任何时候都不放弃希望，即使处境再艰难，终有风雨过后见彩虹的时候。每个遭遇挫折、陷入迷茫的人都应该牢记：当你绝望时，希望也在等你。

人生最可怕的敌人就是缺乏坚定的信念。对年轻人来说，信念和梦想可以改变一切。在这个世界上，只要始终能够看到希望，永远持有坚定的信念，就没有什么人和事可以将你打败。每个人都应该在信念的引领下创造奇迹，告别碌碌无为的生活。

美国足球联合会主席戴伟克·杜根说过这样一段话：“如果你觉得自己会被打倒，那你肯定就会被打倒。如果你觉得自己屹立不倒，那你肯定能屹立不倒。你渴望成功，又觉得自己没有取得成功的能力，那你肯定不会成功。你觉得自己会失败，那你肯定就会失败。”

人生的价值并不在于成功所带来的荣耀，而在于树立信念以及努力追求的过程。因此，无论人生的道路是布满荆棘还是充满坎坷，任何时候都要怀着坚定的信念，执着追求。

信念是改变一切的力量。无论你的处境多么绝望，都要在心底保留一分信念，因为它会激发你的热情和潜能，迸发出无穷的智慧和创造力。可以说，只要信念不死，只要希望永存，一切羁绊最终都会为你让步。

看看我们身边那些成功的人和事，你会发现这样一个事实：一切胜利皆始于个人求胜的意志与信念。因此，自信和信念是获得成功的前提。生活中，胜利不一定属于强者，但一定属于那些有着坚定信念的人。

希望是黑暗中的明灯，是寒冬的阳光，是一切怯懦和失败的克星。任何时候都要拥抱梦想，只要仍存期待，只要不放弃努力，人生就会有很多机会和幸运在前面等候。

第07章 不急躁

接受生活的礼物，不论好与坏

这世上除了你自己，没有谁可以真正帮到你。无论你面临的困难怎样令人望而却步，只要寓信念于行动，就会产生势不可当的力量，活出人生的精彩。

患得患失的人无法内心安宁

要养成信赖自己的习惯，即使在最危急的时候，也要相信自己的勇敢与毅力。

患得患失是浮躁的一个重要表现形式，一味地担心得失，对事情斤斤计较，整个人生好像背上了一道沉重的枷锁。

有的人在做事前要反复考虑，而且完事后仍然放心不下，对各个细节都很在乎；而且，一旦有什么差错，就会非常担心外界的负面评价。他们一直被患得患失的阴影笼罩，人生中没有一点安宁。

而当他们有所成就的时候，原有的信心、快乐也会突然消散殆尽，甚至怀疑自己的能力，随后开始瞻前顾后。已经发生的事情就不必放在心上了，凡事多一些豁达，自然会更轻松。因为患得患失而处处忧心，这样的生活有什么乐趣呢?

古代欧洲有一个神箭手名叫安德鲁，无论立射还是骑射都可以百发百中，从不失手。英国国王邀请安德鲁做客，想一睹神技。国王派人在花园中竖立了一个兽皮的箭靶，靶心只有眼睛大小。

国王说：“请展示一下你的本领吧！为了让这次表演更加精彩，我来定一个赏罚规则：你有三次射箭机会，如果你射中了，会得到黄金万两；如果射不中，你将丧失以往的名声。现在，请开始吧！”

听了国王的话，安德鲁顿时脸色变得凝重，心中不再那么轻松了。他慢慢抽出一支箭，搭上弓弦摆好姿势，开始瞄准。如果在平时，他根本不用如此小心，随手一箭就可以射中靶心。但是这一箭不同，胜负有明确的赏罚。想到这里，安德鲁心跳加速，甚至拉弓的手也开始微微颤抖。

安德鲁花了很长时间瞄准，几次想把箭射出去，却又收回来继续瞄准。反复多次之后，他终于下定决心射出一箭。结果，箭没有命中靶心，偏离了足有三四寸。安德鲁立刻紧张起来，焦急之下后面两箭竟然也没有射中靶心。

最后，安德鲁满脸羞愧地收起弓箭，失落地与国王告别，离开了王宫。对这个结果，国王也非常失望，但是又心存疑惑，就问大臣："听说他射箭技术高超，百发百中，为什么今天看来这么平常，难道是名不副实吗？"

作为欧洲有名的神箭手，安德鲁在得失面前也会发挥失常，更何况是一般人呢！避免患得患失的危害，少不了一颗平常心，做到不被外物干扰。能够做到这一点，自然能保持良好的心境，收获积极乐观的情绪。

第一，别把得失放在心上，学会知足。每个人都会与他人比较，有些人在比较之后心理失衡，产生妒忌心理，陷入患得患失的不良情绪中，扰乱了正常的生活。看淡得失，努力做好自己，自然会发挥正常能力和水平。

第二，做真实的自己。只要能够做真实的自己，走自己的路，就不会为患得患失所困扰。人生的忧愁一直存在，我们不能因为患得患失再给自己平添更多的烦恼。走自己的路，看淡外界的评价，更能多一分坦然。

第三，看轻名与利。人生短暂，名与利就像虚幻的梦境，有时候并不可靠。许多人为了一时的名利放弃内心的真实意愿，到头来得不偿失，只留下深深的遗憾。请牢记，人生最有价值的不是名和利，而是自己的生命与理想。

遇事优柔寡断，无法掌控自己的情绪，就会变得郁郁寡欢。清楚自己需要什么，想得到什么，应该放弃什么，而后努力行动，就容易有所收获。

发现并欣赏生活中的美

世界上最廉价，而且能得到最大收益的一项物质，就是礼节。

罗兰曾经说道："美是到处都有的，对于我们的眼睛，不是缺少美，而是缺少发现。"是的，生活中从来不缺少美，缺少的是善于发现美。懂得欣赏生活，你会发现美无处不在。

人们为了生活奋斗，不能忘记欣赏生活、品味生活，感受幸福时光。否则，一个人无论多么成功，得到多少财富，他的心灵都不会快乐，都无法感受到这个世界的美妙之处。

在美国西部的一个小镇上，一位花匠在自己家的花园里种下了许多玫瑰花。转眼到了玫瑰花盛开的季节，花匠很高兴，决定把鲜花分给路人，一起分享这份喜悦。

一天，一位少妇经过花园门口。花匠递上几枝玫瑰花，少妇很乐意接受，但似乎她的丈夫不喜欢花匠的行为。

第二天，一位商人经过花园门口。花匠照例送过去几枝玫瑰花，商人高兴地说："玫瑰花真漂亮！"同时，把钱递给花匠。花匠不要钱，但是商人不同意，最后把钱硬塞到了花匠手中。

第三天，一个背着书包上学的小男孩经过花园。花匠递过去几枝玫瑰花，小男孩把花放到鼻子旁边闻了一下，笑着说："真香啊！谢谢！"然后，他高兴地上学去了。

看到这里，花匠高兴极了。他终于找到了一个能够真正与自己分享快乐的人。想到这里，花匠的脸上露出了欣慰的笑容。

是呀，如果我们在平常的生活中能够多一分优雅，懂得去欣赏生活，忘掉工作中的身份、责任，一个空明澄澈的世界就会出现在眼前。

人生在世肯定会面对痛苦和欢乐，但是不管怎样都要欣赏生活带给我们的一切。用简单的方法保持一种平和的心境，生活中的苦恼就容易摆脱。幸福的人懂得在苦恼中发现希望，在欣赏生活中走向成功，所以他们更快乐。

用欣赏的眼光去看待世间万事万物，你就会发现生活中多了一分美好，少了一分苦恼。欣赏是一种爱，欣赏生活就是爱生活。爱生活中的一切，欣赏生活中的一切，这会带给我们无限的激情。只要懂得欣赏，你就能用欣赏成就美好生活，做人生的赢家。

善于欣赏的人会得到更多人的帮助。懂得欣赏、感恩遇到的每个人，也许日后他们会成为人生路上的贵人。欣赏是发现美的途径，但学会欣赏也是一种美。

心理学家詹姆斯说："人性中最本质的东西是被人欣赏，我们都愿意被人赞扬或被人欣赏。试着欣赏生活中的每一个人、每一件事，你就会得到开心的一天。学会欣赏并且坚持下去，自然容易收获亲情、友情、爱情，从而拥有快乐人生。"

幸福的人用欣赏的心态对待生活，多一些感恩，少一些功利。做一个有品位的人，你会发现生活会带来意想不到的惊喜。

心境变好了，世界也就变好了

如果把心中的理想与坚定的目标、坚韧的毅力和强烈的信念结合在一起，去追求财富或其他目标，就一定能成就大事。

"一念天堂，一念地狱"，有什么样的心态就有什么样的人生。心里想什么，会影响人的状态和作为。心里没有烦忧，遇事自然能够想得通，做事豁达。

人的一生，多多少少都会有起伏，不会永远一帆风顺，也不会永远穷困潦倒。这种起起落落，对个人来说恰恰是一种磨砺。如果思绪打开了，心境平和了，那么所谓的挫折和磨难也就不复存在了。

正所谓“心境决定心情”，遇事能够想得明白，就能保持一种健康向上的心态，即使身处黑夜也能看到希望的曙光。

麦吉毕业于美国耶鲁大学，外表英俊，身材挺拔，而且在足球和表演上也小有名气。这个年纪正是他斗志昂扬的时期。然而在一个普通的夜晚，一辆卡车夺去了他的左腿。

从医院重症监护室醒来的时候，麦吉的左腿膝盖以下部分已经被切除。在外人看来，他即将面对的是悲惨的人生。

然而，麦吉并不甘心就这样在轮椅上过一辈子。于是，他出院后开始跑步，决心把自己锻炼成全世界最优秀的独腿人。那时，腿还在康复期，麦吉在疼痛的折磨下没有抱怨，而是咬牙坚持了下来。

接下来，麦吉在三项全能比赛中获胜，他骑着脚踏车疾驰，观众夹道欢呼。突然，人群中发出一阵尖叫声，麦吉扭头一看，只见一辆小货车朝他直冲过来。

麦吉四肢瘫痪了，只能稍微动一动手臂。刚刚30岁，这个年轻人就再次遭遇重大不幸。躺在病床上，麦吉不甘心这样沉寂下去，决心站起来，过上独立生活的日子。经过艰苦锻炼，麦吉终于能自己洗澡、穿衣服、吃饭了。对此，医生也大感惊奇。

当然，这仅仅是开始。随后，麦吉开始了一场残酷的康复训练。他对自己说：“你是过来人，知道该怎样做。你要拼命锻炼，不怕苦，不气馁，一定要离开这个鬼地方。”

就这样，麦吉再度变得斗志昂扬。由于他坚持不懈地训练，复健速度之快出乎所有人预料。脖子折断之后仅仅6个月，他就开始独立生活了。又过了半年，麦吉在一次三项全能运动员大会上，发表了一篇激动人心的演说——《坚忍不拔和人类精神力量》。大家投来赞许的目光，被麦吉的感人经历打动。

人生中的开心、失落，以及功名利禄，往往都是互相转化的。不要为过去的遗憾难过，也不必为明天的未知焦虑，更别为眼下的不幸耿耿于怀。想开一些，懂得顺其自然，心情就会快乐一些，因为生活本没有我们想象的那么糟糕。

其实，你这一生中总会遇到各种不如意的事情。也许你无力改变眼前的窘境，但可以尝试着调节心情，改变一下看待万事万物的态度。

第一，正确面对人生的遗憾。在最短的时间内接受这次灾难造成的遗憾。不要纠缠在以往的痛苦回忆中，自然能减轻内心的压抑和痛苦。

第二，努力弥补遗憾。承认现实生活中的不如意，并通过自己的努力弥补这些遗憾，努力过后心境自然会变好，这是积极心态的力量。

不幸降临了，最好的办法就是让它尽快过去，从而腾出更多时间去做更有价值的事情。凡事想开一些，心境变好了，世界也就变好了。

耐力比激情更重要

导致失败最常见的原因是遇到暂时的失败就撒手放弃。

“一个人做一件好事不难，难的是一辈子做好事。”世界上想做事的人很多，有优秀创意的人也不少，但最终能够成功的，却寥寥无几。因为很多人在激情消退之后，缺乏足够的耐力。

无论你原来的创意有多么好，在你付诸行动之后，经过一段时间的碰壁，你还能够保持当初的激情吗？你还有继续做下去的耐力吗？

可以说，激情就是一个人做事的一种原始推动力。然而，一个人要想成功，仅有激情是不够的，还要看个人的素质，耐不耐磨，能不能经受风吹雨打？也就是说，在做事的过程中，能够持久行动，直至成功为止，这就需要所谓的耐力了。

美国演员席维斯·史泰龙凭借第一部电影《洛奇》，奠定了他在好莱坞武打动作巨星的地位。然而，这名红遍世界的巨星的成名之路却是一波三折。

史泰龙的父亲是一个赌徒，母亲是一个酒鬼。他从小在家庭暴力中长大，学业一无所成，成了街头的混混。穷困潦倒的他连一件像样的西服都买不起。

20岁那年，一件偶然的事情刺激了史泰龙，他下定决心要走一条与父母截然不同的道路，活出精彩人生。他想做演员，拍电影，当明星。他认为只要自己有足够的耐力就一定能成功，而这也是他今生唯一可以出头的机会。

当时，好莱坞共有500家电影公司。他带着自己写好的剧本，根据划定的路线和排列好的名单顺序，前去拜访。然而，这500家电影公司没有一家愿意聘用他。面对如此残酷的现实，他的激情没有消退，他相信每次被拒绝都是一次学习，一次进步。

接着，他又从第一家开始了第二轮拜访与自我推荐。可是，在第二轮拜访中，500家电影公司照例拒绝了他。第三轮的拜访结果与前两轮相同，仍被拒绝。

屡遭挫折的史泰龙，靠着自己惊人的耐力，咬着牙开始了他的第四轮拜访。当他拜访完第349家后，第350家电影公司的老板终于答应让他把剧本留下，先看一看。

几天之后，他得到通知，前去商谈相关事宜。在商谈中，公司决定投资开拍这部电影，还要请他担任剧本中的男主角。为了这一刻，史泰龙已经做了充分的准备，信心满怀的他终于可以大显身手了。

正是靠着当初的激情和持久的耐力，史泰龙成就了他自编自演的电影《洛奇》。

其实，人与人之间的差异并不大，在追求成功的过程中考验的是人的耐力。谁的耐力更持久，谁就能够成为最后的赢家。此外，耐力并不等同于聪明、智慧，也不等同于今天拥有什么资本之类。它更贴切的定义是：你能够坚持做下去，直到让人看到你成功的那一天！

人生总是在“不良循环”中行走，如果缺乏一种坚持到底的耐力，那么你的人生色彩将会暗淡。取得真正意义上的成功，不能惧怕人生路途上的劳累、困苦、艰辛，真正的强者拥有足够的激情、必胜的信心、超人的耐力，因此能够战胜困难、走向成功。

许多时候，人生之路大都坎坷不顺。在挫折和磨难面前选择放弃还是继续坚持，这取决于一个人耐力的大小。

无论什么时候，幸运之神都会垂青那些不屈不挠、永不放弃的人，因为他们为了实现自己的梦想，绝不会在中途退缩。这不仅要求人们保持当初的那份激情，更重要的是能够在困境中坚持到底。

激情是不断鞭策和激励我们向前奋进的动力，对工作充满高度的激情，可以使我们不畏惧现实中遇到的重重困难和阻碍。但是，对于成功来说，耐力比激情更重要。一位伟人说过：疯子与执着其实是一家，失败叫疯子，成功则靠执着。这里的执着就是我们所说的耐力。

成功是失败的罪魁祸首

胜利让人喜悦，也会让人丧失理性思考的能力，于是失败便会不请自来。

生活中，许多人独断专行、自以为是，因为一时成功而沾沾自喜，最终功败垂成。一个普通人因骄纵而致失败，只不过祸及其身，再大也只是祸及其家；而一军之帅因骄纵而致失败，那是万千首级落地的事，影响深远。

历史上多少有才之人原本可以建功立业，却因胜利而失去理智，变得骄傲自大、麻痹大意，最终只能抱憾终身，甚至丢了性命。由此看来，居功自傲就是失败的罪魁祸首。

只要我们仔细观察一下，就会发现：一些人在经历了长期的奋斗之后终于取得了辉煌的成就，可是在短时间内，这些成就便化为泡影。他们虽然能够耐住艰苦奋斗、寒窗苦读时的寂寞，却不能经受住眼下的辉煌，最终功败垂成。

史蒂夫·乔布斯是“苹果”公司的创办人，很少有人知道，早年他也有出局的经历。美国航天工业巨子休斯公司副总裁艾登·科林斯先生曾对他特别赞扬，说：“我们像杂货店店主一样每天埋头苦干，一年到头攒下的钱还不如乔布斯一夜之间赚得多。”这种说法一点都不为过，因为乔布斯22岁创业，到26岁时就已经拥有上亿资产了。

不过，骄兵必败的古训任何时候都适用。在媒体的吹捧和业界人士的称颂下，乔布斯这个大男孩开始飘飘然了。陶醉在鲜花和掌声中的他，已经忘记了成功背后曾经付出的艰辛和努力。

乔布斯不再谦卑有礼、文质彬彬了，而是变得骄傲自大、狂妄无礼、脾气暴躁。他既不愿意迁就任何合作伙伴，又缺乏理性的管理头脑，对员工特别苛刻。因此，没有人再愿意跟他合作，也没有人主动帮他出主意了。那些员工一见到他，就吓得躲起来，已经到了“闻乔色变”的地步。

后来，原百事可乐公司国内饮料部总经理斯卡利，终于在董事会上说话了：“苹果公司有乔布斯在，我就无法执行任务。”于是，董事会对此做了广泛深入的调查，发现这位董事长确实很不“合群”。

最后，董事会做出裁决：撤销乔布斯的一切职务。狂妄的乔布斯承受不了这样的打击，被迫离开了他多年辛苦打拼的公司。

很多人在取得成功之后，都会像乔布斯一样骄傲自大、狂妄无礼、目空一切，致使最后惨遭失败。然而，有的人却凭着自己的小心谨慎、戒骄戒躁，立下了不世之功，曾国藩就是其中的一个。

他每次取得胜利之后，都会把这些成绩踩在脚下，从来不会得意忘形，更不会因为敌人的一次失败产生轻敌的心理。曾国藩总是深刻分析双方的利弊，坚固自己的根基，以求建立更大的功业。

其实，人的失败往往不是败在别人手中，而是败在自己手中。任何时候，我们都不要因一时的胜利而沾沾自喜或得意忘形，应该随时提醒自己危险就在身边。否则，成功将是失败的罪魁祸首。

一个人在取得成功之后，如果想守住这来之不易的辉煌，必须谦虚谨慎、戒骄戒躁，试着把它当作一个高起点，从而创造出一个更加灿烂的明天。反之，如果得意忘形只会被淘汰出局，坠入万丈深渊。

抄近路往往是最远的路

如果你没有养成比别人加倍努力的习惯，如果你无法做到无论何时何地都为他人提供有益的服务，就注定不会走得很远。

“两点之间直线最短”，这个几何学公理给人们造成一个错觉：从一个点到目标点，走直线最近。于是，人们都学会了抄近路、走捷径，美其名曰“节省时间”。

生活中，行人为了抄近路，不惜横越马路、跨越围栏，结果酿成惨祸；开车的为了抄近路，不惜走陌生的小路，结果出现意外状况，绕来绕去走了许多冤枉路。工作中，自作聪明的人做什么事都喜欢耍心眼，结果被淘汰出局；自私懒惰的人总想投机取巧、不择手段挣快钱，结果受到了道德的谴责和法律的制裁。

在现实中，两点之间绝大多数情况下无法走直线。如果做事情总想着抄近路、走捷径，不仅难以快速到达，反而要花更多的时间。

一个天高云淡、风清气爽的周末，保罗约了几个好朋友一起爬山。一路上，大家有说有笑，不知不觉就爬到了山顶。几个人举目远眺，心旷神怡。到了返程的时候，大家都有些劳累了，于是想找捷径下山。这时候，保罗突然发现前面有一条羊肠小道，似乎有人走过。从这条路远远望去，还能看到山下的停车场。于是，他把这个好消息告诉了大家。

大伙儿一看，果然是一条捷径！他们非常高兴，当即决定沿着这条小路快速下山。然而，走了一段路之后，他们看见了一道断崖，小路在此一拐，伸向远方的一个小山村。大家一筹莫展，只得先向山村方向走。中途又拐上另一条弯弯曲曲的小道，结果大家迷路了，被围困在峭壁悬崖边无法下山，最后只得报警求助。

当救助人员赶赴现场时，他们已经被困 7 个小时了，饥饿和寒冷使得几个人抱在一起发抖。本来他们可以在太阳落山之前回到停车场，但是因为想走捷径，被困在悬崖峭壁边，无法下山。这个教训令人终生难忘。

人总是想走捷径，即使吃了亏也很难彻底改变，这是人类的惰性和自作聪明使然。在一个讲效益、讲速度的时代，社会的发展日新月异，人们比以往任何时候都想更快达到目的，但需要注意的是，在这一过程中万万不可触碰底线。

寻求变通无可厚非，然而首先必须对眼前的情况或要解决的问题有一个全面的分析。只有具备善于发现的眼睛、敢于创新的头脑，才能找到与众不同的解决之道。否则，盲目地走捷径，只会多走弯路。

第08章 不迷茫

无论身处何地，全然地安于当下

我们该如何与这个世界相处？生命无常，所以你更要相信，眼前的一切都是最好的安排。即使深陷绝望的境地，也要寻找希望的光亮，用平和的心态过完这一生。

不让错误和烦恼左右心情

如果我们能够主动选择自己所接受的刺激内容，就可以随心所欲地改造自己的思想。

莎士比亚曾经说过：“聪明的人永远不会坐在那里为他们的损失而悲伤，却会很高兴地找出办法来弥补他们的旧创伤。”

人的一生中充满着不幸和烦恼，你无法逃避，也不能左右它们，唯一可以选择的是勇敢，让错误和烦恼“到此为止”。及时让不良情绪终止，不再左右你的心情，这种强大的情绪掌控能力是获得幸福快乐的密码。

当杰勒米·泰勒丧失了一切的时候——房屋遭人侵占，家人没有栖身之地，庄园被没收，他这样写道：

“我落到了财产征收员的手中，他们毫不客气地剥夺了一切，让我一无所有。现在，还剩下什么呢？让我仔细想想……他们留给了我可爱的太阳和月亮，温良贤淑的妻子仍在我的身边，还有许多排忧解难的患难朋友。除此之外，我还有愉快的心、欢快的笑脸。显然，没有人能剥夺我对上帝的敬仰，无法剥夺我对美好天堂的向往，以及我对罪恶之举的仁慈和宽厚。我照常吃饭、喝酒，照常睡觉和休息，照常读书和思考……”

面对意外和灾难性的打击，泰勒仍然保持开心、快乐，绝不陷入情绪低落的状态，令人钦佩不已。在常人无法忍受的灾难中仍坚持快乐，这种坚韧、乐观的品性是每个人都应该追求的，这样的人生永远不会阴云密布。

正是因为能够正视困难，把生命中的一点磨难看作对自己的锻炼，所以即使脚下布满荆棘，杰勒米·泰勒照样勇往直前。

生活中会遇到很多烦心事，很少有人真正感受到一帆风顺，多数情况会遇到种种不如意。不同的地方在于，有的人让烦恼戛然而止，寻求摆脱困境的方法；有的人沉浸在错误中，因为陷入痛苦情绪而无法自拔。

世界上存在这样一类人，他们似乎总能得到上天的眷顾——有着坚定的信念或理想，并且为之付出不懈的努力；最重要的是，上天每一次都会帮他取得成功，这令人羡慕至极。其实，这类人之所以比其他人更幸运，在很大程度上要归功于其强大的内心。

一个人搭车回家，行至途中，车子抛锚。当时，正值盛夏午后，闷热难当。得知四五个小时后才可以起程，大家都开始抱怨，这个人却找了一个凉爽、平坦的地方美美地睡了一觉。车子修好了，他趁着黄昏的晚风，踏上了归程。后来，他逢人便说："真是一次愉快的旅行！"

内心强大的人，无论遭遇外界怎样的嘲讽，遇到多大的困难，都不会被轻易打倒。换句话说，他们在心理层面达到了一定的境界，因此总能在挫折、危机面前挺过来，令人折服。内心强大的人意志坚定，不论遇到多大的诱惑或挫折都能淡定处之，依然固守着内心那份信念。

心理素质强的人，无论遭遇怎样的嘲讽，遇到多大的困难，都不会被轻易打倒。在他们身上，流露出的是坚定的意志、强悍的行动力。不论遭遇多大的诱惑或挫折，都能够做到心如止水；甚至遭受牢狱之灾，面对死亡的威胁，也能够始终保持一颗淡定之心，这样的人终究是不可战胜的。

聪明的人知道如何面对困难和烦恼，愚蠢的人往往会过重地看待烦恼和困难。让烦恼与困难"适可而止"，才能走出消极情绪的束缚。

坦然面对眼前的一切

万事万物不停地进行着自我平衡，其速度之快绝不亚于从峰顶跌入低谷。

在这个充满变化的世界里，不确定性因素常伴左右，你永远无法掌控眼前的一切。然而，人们仍旧期待着最好的安排。有人会纠结于此，特别是遇到不顺心的事情，会认为自己遭遇了不公正待遇。

起风了，树叶被吹落下来。有的叶子飞到了小河里，有的落在了草地中，还有的掉在了粪坑里。就是这么一股风，让本来生于同一棵树上的叶子有了不同的命运。人生何尝不是如此呢？

坦然面对眼前的一切，学会接受各种人和事，不沉浸在痛苦和后悔中，人生才能多一抹亮色。比如爱情，无论悲喜，无谓高尚庸俗，它是当事人站在自我视角审视整个世界的结果，领悟眼前的景致，珍惜相遇的每个人，蓦然回首，其实幸福就在你身边。

黛西是一位婚礼策划师，年轻貌美，并且还有一个高大帅气的男友杰克，真是羡煞旁人。她的最大愿望就是能够给自己设计一场美轮美奂的婚礼，但是这个美好的梦想却被残酷的现实击碎了。

男友杰克认识了一位银行家的女儿——露娜，后者疯狂地爱上了杰克。露娜用父亲的地位诱惑杰克，结果成功从黛西手里抢走了幸福。

更让黛西难以接受的是，露娜竟然找到黛西的公司为自己策划婚礼。紧急时刻，公司的婚纱设计师约翰站出来，帮助黛西渡过了眼前的难关。约翰给黛西讲笑话，按时送饭，还帮忙应付难缠的露娜。最后，他促使露娜放弃了与公司的合作，这帮黛西挽回了面子。

黛西的心情变得好多了，却始终没有察觉到约翰的爱意。直到有一次到约翰家做客，她无意中翻看到了他的婚纱设计手稿，才惊讶地发现里面的每一款婚纱都是为自己设计的。并且，旁边写着约翰当时的感受。

直到这一刻，黛西才明白了约翰的良苦用心，感动得流下了眼泪。她拥进约翰的怀里，两个人相视而笑。

面对男友的背叛，黛西一度对生活失去了信心，也未能体会到约翰的关心。不过，她又是聪明的，随后发现了约翰的爱慕之情。她感恩上帝送了一位天使守在自己身边，也相信眼前的一切就是最好的安排。由此，她开启了另一段幸福的人生。

一些不愉快的事情会长期纠缠在左右，甚至让内心产生恨意。不过，这又有什么用呢？别带着悔恨生活，给自己一个理由原谅对方，心才会安放。坦然面对眼前的一切，学会理解和接受事实，终将发现生活中另外的美。

对过去的生活不满意，甚至充满了悔恨，这是一种悲观消极的情绪。如果任由其积压在心底，会让你失去活下去的勇气，或者变得思想极端，对人失去信任。更可怕的是，你会因此错过生活中真正爱你的人，那些值得珍惜、留恋的事情。已经发生的，就让它随风而逝，因为幸福就在眼前。

打开心结才能走得更远

你想看到几天的繁荣，你就种花；你想看到几年的繁荣，你就种树；你想看到千秋万代的繁荣，你就播种思想。

遇事想不开，纠结不已，对自己没有任何好处。因为不能解开这些心结，心灵就会被禁锢。患得患失、过分计较将会成为人生的绑绳和枷锁，使自己停滞不前或无所突破，永远局限在一个狭小的空间范围内，逃脱不得。

生活不论如何折磨人，如何将你压缩在一个四方的小盒子里，但思维的空间是不受限制的，那么心灵就没有藩篱，无比宽广。在不如意的时候，学会将心灵从意识的牢笼里解放出来，自由的空间就会越来越大，任你驰骋，来去自如，而成功的力量正是来自这个空间。

反之，一个被捆绑的身体，将失去行动的自由；一颗被捆绑的心灵，将无法与他人进行必要的交流，生活也将因此变得灰暗。所以，学会给自己松绑，让不良情绪释放出来，心才能承载更多有价值的东西。

琼斯是一名会计人员，已经为公司服务十几年了，对工作团队感情深厚。但是，最近他做了一件蠢事，几乎将公司推进深渊。

原来，前段时间公司来了一位新经理，随后公司进行大换血。除了一些不可替代的老员工，几乎所有工作时间不足五年的人都被换掉了。当然，补位者都是新经理的心腹。还好，在新经理的领导下，公司业绩有了较大提升。

虽然大家一开始对裁员不满，但是看到公司效益提升，也就不再说什么了。然而一个月前，琼斯发现公司的财务有问题，而且是经理背着所有人偷偷做手脚。

琼斯找到经理询问，得到的是对方的警告——如果告发，琼斯会丢了工作。作为家里唯一的经济来源，琼斯很烦恼，坚持视而不见，还是应该去告发呢？一段时间里，他为此痛苦不堪，情绪十分低落，根本无心好好工作了。

回到家里，看到孩子纯真的笑容，琼斯突然想通了。第二天，他检举了新经理。虽然因此丢了工作，但是琼斯不必每天惴惴不安了。很快，他又找了一份新工作，过上了安稳的生活。

是谁把你推进了烦恼的沼泽？是谁把你引向了痛苦的深渊？如果你继续愤愤地思索是谁伤害了自己，又苦苦地寻觅谁能拯救自己，那就真的会被烦恼捆得结结实实。能让你痛苦不堪的人不是别人，唯有自己。

一栋房子如果没有窗户，温暖的太阳就无法照进来，新鲜的空气也不能飘进来。人也一样，如果心灵被捆绑，就会感到沉闷，只有释放自己，心才能够通达，奋斗目标才更清晰。

这个世界上原本没有任何可以让你痛苦的人或事，没有人可以夺走你的轻松、自由和快乐，因为没有任何一个人可以缚得住你。能缚住你的只能是你自己，是那些成见、傲慢、狭隘、忌妒、偏执等负面情绪。它们像一根根绳子把你牢牢地与烦恼绑在了一起。能给心灵松绑的人，除了自己别无他人。

人之所以会产生苦恼，会惹来烦恼，是由于对欲望的执着，而把自己封闭在想象的虚幻世界里，会变得不自在、无能为力，从而产生苦闷、失落、反叛等情绪。如果你能一直坚持做到诚实、不自欺，必然能够靠自己的力量摆脱所有虚妄的苦恼和困惑。

这个世界上，没有人能够击败你，没有烦恼能毁掉你。“不要被他人的论断束缚了自己前进的步伐。追随你的热情，追随你的心灵，它们将带你到想要去的地方。”

请珍惜眼前的好时光

你手中的时间就是你最宝贵的财产，不要浪费它，要把自己有限的时间集中在处理最重要的事情上。

“常”指的是一种常态，长期没有变化。而“无常”提醒人们，变化是绝对的，这个世界上没有固定不变的东西。人的一生，唯一不变的就是变化。

今天不知道明天会发生什么，甚至此刻也无法预计下一秒的状况。即便你做好了准备，计划了许久，生命的轨道也会因为某一个意外而偏离原先预设的方向。

或许昨天你还看到一张鲜活的笑脸，但是今天他就可能陷入伤感的状态。人生充满了偶然性，但是总有一些美好的事情令人振奋、期待。

所以，面对那些令人难过的事情和局面，请倍加珍惜眼前的好时光。

菲比是一个小说家，从小就喜欢写作，大学读的也是文学专业。凭借文学方面极高的领悟力和想象力，她年纪轻轻就出版了两部小说，并且非常畅销。然而谁也没有想到，菲比进行体检的时候被查出患上了脑瘤。

起初，菲比单纯地以为这是一个小手术，只要把肿瘤切除就能恢复健康。后来，得知脑瘤的危险性比一般的癌症还要大，她仍然被吓到了。然而，菲比很快调整好情绪，开始乐观地面对一切。

她积极配合医生进行治疗，做好了承受各种痛苦的准备。化疗的时候，头发几乎都掉光了，这对一个女孩子来说是莫大的打击。但是，菲比看起来非常积极乐观，并没有消极避世。没有了真头发，她就买各种各样的假发，还开心地对大家说，自己终于可以天天换发型了。

生活中，菲比坚持与朋友们聚会、郊游，珍惜每一次与大家相处的机会。当然，她也没有放弃自己的爱好——写小说，还用文字把自己的这段经历记录下来。在日记中，她详细描述了每天发生的事情，并感恩生命给予的爱。

与那些在痛苦中消沉的人不同，菲比没有埋怨上帝为何让自己生病，她享受眼前的每一分、每一秒。她说，如果不是因为脑瘤，她可能不会意识到朋友和家人的重要性，也不会有这么好的题材创作小说。

菲比终究离开了这个世界，但是她没有留下遗憾和痛苦。她微笑着与这个世界告别，在家人和朋友的陪伴下度过了余生，给大家留下了一本充满欢乐和力量的小说。

菲比展示出了可贵的乐观精神，并以此影响了身边的朋友。她的文字被长久保存下来，给更多人带来思考和启发。人不能沉浸在生命无常的宿命论中，而要感受生命的美好，这是菲比的精神遗产。

生命中不会总是晴空万里，也会有阴云密布的日子。懂得珍惜与感恩的人不会陷入悲伤，他们永远对生活充满信心。

经常会有人抑郁满怀地走在校园里、大街上，常常听到有些失恋的朋友说再也不相信爱情，更多的人则会被忧伤操控，无法打起精神将坏日子过好。

成熟的人不让阴霾阻挡阳光，他们能看到生活中艰辛的一面，也懂得珍惜眼前的每一分每一秒。所谓“忧伤”，不过是消极面对生活的一种感受，有智慧的人认真而努力地活着，感谢每一个或阴或晴的日子，不辜负天赐的好时光。

生命无常，上帝难免会误伤好人，但是贵在有人懂得珍惜。不知道从什么时候开始，很多东西和以前不一样了，面对这些变化和不如意，有智慧的人选择包容和理解，给悲伤的日子涂抹上欢喜的色调，于是原本脆弱的心也变得强大。

扔掉虚荣才不会迷失自我

你的成功并非取决于世界给了你什么，而取决于你给了世界什么。

心理学认为，虚荣心理实质上是期望拥有但实际上并未拥有某种荣誉，而在行动上竭力表现出似乎拥有某种荣誉的个性心理特点，是为了取得荣誉和引起普遍关注而表现出来的一种不正常的心态。

希腊神话中，《赫耳墨斯和雕像者》的故事对这种现象给予了深刻的揭露与讽刺。赫耳墨斯本来是一位地位不高的神，却是一个非常虚荣的人。他想知道自己在人间究竟处于一个什么样的地位，受到多大的尊重。于是，他化作了一个凡人，来到一个售卖雕像的店里。

这家店里有很多希腊神话人物的雕像，赫耳墨斯首先看见的是宙斯的雕像，这是希腊神话里的最高天神。于是，他问道：“请问宙斯雕像值多少钱？”店主回答：“只要一个银圆，先生。”赫耳墨斯听了以后非常高兴，原来这个所谓的最高天神并没有自己想象的那么值钱，于是又问道：“赫拉的雕像值多少？”雕像者说：“还要便宜一点。”赫耳墨斯更高兴了，那些地位比自己高的天神也不过如此。

后来，赫耳墨斯看到自己的雕像，作为专门庇护商人的保护神，这一定会尊贵一些。于是，他指着自己的雕像，十分自信地问道："这个多少钱？"然而，店主竟然回答："假如你买了那两个，这个是赠品，白送。"

听到这里，赫耳墨斯一下子羞得面红耳赤，灰溜溜地逃走了，根本没有一点天神应该有的风度。可怜的赫耳墨斯，本以为自己的雕像是价格最高的，期望得到人类的最高景仰，没想到却一文不值，竟然只是一个添头和摆设而已。

生活中，人们或多或少会在某些时候生出虚荣心。只要保持头脑清醒，这对我们的生活或自身并无大的影响和伤害；但是，如果虚荣心过重，就容易失去自我。因为虚荣心重的人所欲求的东西，莫过于名不副实的荣誉，所畏惧的东西莫过于突如其来的羞辱。

研究表明，虚荣心最大的后遗症之一，是令人失去免于恐惧、免于匮乏的自由。因为害怕羞辱，所以不定时地活在恐惧中；常感匮乏，所以经常没有安全感和感到不满足。

虚荣心强的人，与其说是为了脱颖而出，鹤立鸡群，不如说是自以为出类拔萃，所以不惜玩弄欺骗、诡诈的手段，使虚荣心得到最大的满足。问题是，虚荣心是一股强烈的欲望，欲望是不会满足的。虚荣心所引起的后遗症，几乎都是围绕在其周遭的恶行及不当的手段，所以严格来说，每个人的虚荣心应该都和他的愚蠢等同。

经验表明，虚荣心一旦形成后，它所结合的诸多不良的心态、习惯和行为会让你只看到眼前，却离成功越来越远。有的人当虚荣心得不到满足时，便莫名地紧张、害怕、心慌、发抖、头晕，有时脑子里一片空白，觉得自己活得很累。

真正的成功，是不会因某些成就而沾沾自喜的。时刻认清现实，认清自我，就不会在荣誉面前骄傲，忘记了初心。扔掉虚荣，保持恬淡的心灵，能永远把握好现在和未来。

与其遥望未来，不如珍惜眼前人

一个人得不到他真正想要的东西是不可能的事！

人们赤裸裸地来到这个世界，在努力中成为一个拥有很多“财富”的人。但是，所有的一切终究会像时间一样，在不知不觉中再次溜走。爱情也是如此，有太多的人在拥有爱情的时候不知道珍惜对方，非要等到失去后才追悔莫及。

很多时候，人们往往看不到对方的付出，却总是计较对方的缺点。很多人在手握幸福的时候，依然在苦苦寻觅，等到失去幸福后，才发现自己曾经拥有过它。我们不应该总是纠结于自己没有得到的，而应该珍惜自己当下的幸福和安稳。唯有珍惜，方能在爱情中不留遗憾。

有一个少女，不仅出身高贵，貌若天仙，而且温婉淑雅，多才多艺。如此美好的女子自然是众人心中的女神，来家里提亲的人络绎不绝。但是，这些男子都不能触动少女的心弦，她不想草草地将自己交付出去，一直期盼着中意的男子出现。

一个阳光明媚的春天，少女信步游走，外出踏青赏春。在熙熙攘攘的人群中，那不经意的一次回眸，让她的心跳得快了一拍。她愣愣地看着慢慢走远的男子，心里想：“就是他，这就是我要等的人。”

她顾不得少女的羞涩与矜持，在拥挤的人群中奋力挤向男子。但是人流总会在她即将靠近他的时候，将她推得很远。少女心急如焚，眼睁睁地看着男子消失在人群中。

后来，少女苦苦寻觅那个男子，却始终无果。少女非常难过，便日日来到教堂许愿，希望能再看那个男子一眼。终于，她的诚挚感动了上帝。上帝问她：“你想再看那个男人一眼吗？”

少女望着上帝，坚定地说："嗯，再见他一眼，也是万分幸福的。"

上帝说："如果让你放弃现在拥有的一切，比如美貌、金钱、地位，甚至爱你的家人呢？"

少女依然坚定地说："我愿意。"

上帝又说："除此之外，你还要苦苦等待五百年，你还愿意吗？"

"我愿意。"少女的语气无比坚定。

上帝答应了女孩的祈求，女孩变成了一块躺在荒郊野外的大石头。从第一年到第四百九十九年，女孩没有见过一个人影，默默忍受着风吹日晒、孤独寂寞。这时候，女孩想到曾经的幸福生活，难过得流下了眼泪……

第五百年的一个清晨，寂静的山谷来了一群采石者，他们把她运进了城里，凿成了条石，建成了石桥的护栏。就在石桥落成的那天，女孩终于看见了那个她苦苦寻觅、朝思暮想、等了整整五百年的男子！男子步履匆匆，从石桥上一闪而过。

女孩伤心地抽泣起来，上帝再次出现了。上帝说："你看！"少女应声望去，只见石头旁边有一株小草。这棵小草日日夜夜注视着她，呵护着她，陪伴着她，然而整整五百年，女孩都没有注意过那棵小草。

上帝说："这棵小草是一个爱你的男孩修炼了两千年幻化的。人啊，总是渴求着得不到的东西，却对身旁的幸福视而不见，不懂得什么才是最珍贵的。"

很多时候，我们总是觉得自己不够幸福，尤其是在爱情中，觉得自己拥有的爱太少。其实，并不是我们缺少爱，而是缺少发现爱的眼睛。每个人的生命是短暂的，但爱情却在短暂的生命中占据着重要的地位，我们应该珍惜对方给予你的爱和幸福，发现美好，品味甜蜜。

只有握紧手中真实的温暖，我们才能在爱情中看到光辉。作为女孩，也许你会说："他平庸，没有足够的金钱让我挥霍，也没有豪华的别墅供我炫耀，所以，我们之间没有安逸的生活，每天都需要劳累奔波，有什么值得珍惜？”作为男孩，或者你也会说：“她不漂亮，也不温柔，性格更是执拗得很，珍惜什么呢？”

如果这样想，那就大错特错了。在残酷的现实生活中，只有平平淡淡的爱情才能长久，也只有珍惜你的眼前人，才不会在失去对方后觉得遗憾。只有懂得了珍惜，我们才不会错过最适合自己的那个人。也只有懂得了珍惜，我们才能享受爱情的甜蜜，拥有更多快乐的时光。

好好活着就是最大的幸福

一个人要坚持“为自己而活”的生命理念，而绝不是成为“为他人而活”的机器。

人活在世上，最重要的是什么？有人说是金钱，也有人说是人脉，还有人说是朋友。虽然这些都非常关键，但它们都不是最重要的。唯有健康，才是生命中最重要的东西。拥有一个健康的体魄可以让你轻松度过每一天。而一个人一旦失去了健康，即使有再多的金钱、再广的人脉、再好的朋友都无法享受美好的人生。

毫无疑问，健康的身体是一个人事业成功的根本前提，否则有再大的抱负也无从实现。如果人生是一场赌局的话，就算我们前面输了好多，只要有健康的身体在，那么就有一切重来的可能。而如果连这个都没有了，那么你的人生已经注定全盘皆输。

在我们身边，许多人忙着追求令人心动的异性、良好的声望、诱人的职位、更多的金钱，一旦不称心意就陷入迷茫。其实大可不必如此，认真吃好三餐，坚持锻炼身体，每晚安然入眠，拥有健康的身体，就是人生最大的幸福。如果连这一点都想不通，注定会迷失自我，丢了未来。

劳拉是一个长相很平凡的女孩，也许是因为自卑，她基本不与别人交往，只把全部心思放在工作上，而这似乎给她带来了无尽的快乐。

在公司里，她是领导一直嘉奖的员工，每天都加班到管理员催促关门的时候。

同事们都很敬佩劳拉，觉得她是名副其实的“劳模”。公司里甚至有人打赌，如果谁请劳拉参加周末同事们组织的K歌活动，就请谁吃大餐。玛丽是一个活泼的女孩，她觉得所有女孩都爱玩，于是自告奋勇去劝说劳拉。

“劳拉，周末有时间吗？我们组织了一个好玩的活动！”玛丽虽然觉得唱歌不算很好玩，但为了吸引劳拉参加只好这么说了。

“哦，周末我得加班。然后还需要到图书大厦看看相关资料，你们好好玩。”劳拉几乎没有丝毫犹豫就拒绝了。

“周末不是有两天时间吗？而且你的工作任务都已经超额完成了，总可以休息一下吧！”玛丽有些不甘心。

“我去图书大厦看资料就相当于休息了啊！”

“那你也不想知道我们组织了什么好玩的活动吗？万一你非常喜欢呢？”玛丽有些失望了，但还是找出了理由。

“哦，你们组织的应该都是娱乐活动吧，难道是进行市场调查？”劳拉望着玛丽，流露出期待的表情。

玛丽彻底无语了，他们还不会无聊到把市场调查当成娱乐活动。

没想到，半年以后劳拉忽然辞职了。原来，她由于工作过度劳累患了严重的眼疾，无法面对电脑，已经不能胜任公司的职位了。

这样一个优秀的员工却不得不面对失业的危险，很令人遗憾也很值得同情。可是路都是自己走出来的，她之前的选择就决定了以后的结果。

旺盛的体力可以增强身体各部分机能，从而以充沛的精力做事。一个人有健康的生活习惯，就能充满活力，抵抗各种疾病，应付各种打击。相反，一个在平日把气力耗尽、活力用竭的人很难应付一切。

身体是一个人的无价之宝，千万要好好地珍惜。强健的体魄是人们成就大事业最牢固的基础，是推进事业的最大动力。拥有健康的身体，我们才能实现心中所愿。

你能否获得幸福、取得成功，很大程度上取决于你能否保重身体，能否让身体一直处于良好的状态。假如忽略了健康，在工作中精疲力竭，那么办事效率自然要大打折扣。在这种情形之下，你所做的一切都将带着“弱”的记号，难以成为真正的强者。

凡是有志成功、有志上进的人，都爱惜身体，保持身心健康。拥有健康并不能拥有一切，但失去健康却会失去一切。因此，请养成一种良好的生活习惯，生活不仅有节制而且有秩序，把握好当下才能决胜未来。

第09章 不害怕

在输得起的年纪，遇见勇敢的自己

懂得感恩，远离忧虑，在芜杂的世界中把持好欲望，就离幸福和快乐不远了。凡事都能看得开、想得透、做得到，那么人生就非常完满了。

不要让恐惧成为一种习惯

我们可以利用心理学的规律改变自己的生活环境，或是用意志力把它的影响拒之门外。

人们从小就在内心充满了恐惧，就好像习惯了耳边总是甜言蜜语一样。随着年龄的增长，又不断地从电视上看到各种噩耗，从报纸上读到各种恐怖消息，从书上、电影里以及电子游戏中了解到各种暴力行为。因此，恐惧感似乎是与生俱来的。

由于这种认识已经成了人们心理认知的一部分，因此遇到突发情况，第一反应便是大声说："当心！"我们不但习惯了将内心的恐惧、担忧、疑虑强加于人，而且还鼓励自己这样做，以此表达关心。

一位探险家到赫梅兹山探险。他开车行驶在新墨西哥州无边无际的蓝天下，非常惬意。之后，又徒步穿过矮松林的红色硬土路，然后到达了山洞。山洞位于小山丘的脚下，只能容一个成人爬进去。他穿上一对护膝，用嘴咬住一把手电筒，然后爬了进去。

当时，他想："假如洞里突然钻出来什么怪物偷袭，或者遇上山洪暴发、地震、响尾蛇、蚊子，那就完蛋了。"周围崎岖的白岩石隧道越来越窄，等他停下来准备休息时，只得把头死死低下，好像要啃到自己的脖子了。

在那个山洞里，唯一能看到的就是恐惧。它就在那里，无所不在、不可思议，似乎要吞没周围的一切，死盯着探险家问："嗨，你是打算让我吞没你，还是想怎样？"

最终，探险家决定避开原先的恐惧、狂躁，从容地爬出山洞，重新回到阳光普照的大地，回到露天场所，直立行走。爬出山洞时，耳朵里装满了沙子，而且因为长时间用牙齿咬着手电筒，他患上了严重的牙关紧闭症。不过，探险家对恐惧的可选性有了全新的深刻认识。

在心理学上，恐惧是一种消极情绪，有其独特的价值。小孩子遇见陌生人，因为恐惧感产生警诫，这是一种自我保护。恐惧的情绪可以指挥人们在危险的时候行动，比如选择逃跑。事实上，恐惧的产生来自一种对于未知的非理性判断。

通常，恐惧感强的人在人前表现得比较深沉，他们尽量避免卷入太多的是非，也不太想接触更多的人。他们认为，不确定性因素越多，心中就越没有把握，这会加重恐惧情绪。

每个人随着年龄增长，都会有不同的恐惧感，有些存在于潜意识中，无法被察觉到。如果恐惧感在年轻时没有及时得到排解，那么随着时间的推移，会进一步加重，越来越强烈。

其实，每个人心里都住着一个小孩，恐惧感正是那个情绪化小孩的显著特征。如果我们能够了解内心那个小孩的恐惧，就能有效地纾解自己的情绪。从较高的知觉层面来说，大部分恐惧感只是来自幻觉，或者与过去的事情有关。明白了这一点，就容易从惶恐中走出来。

情绪处于低谷时，学会用左手温暖右手

成功距离被挫折打倒仅有一步之遥。失败是一个极具讽刺和狡诈意味的大骗子，它会在你即将成功之时绊你一跤。

人在情绪低落的时候萎靡不振，这是因为压抑、失落的心情得不到释放。经受苦难时，除了及时与外界交流沟通，得到各种帮助，很重要的一点是学会自我激励，消除不良情绪的干扰。

遇到麻烦事，少不了父母、朋友的帮助，但是做到自立自强始终是

内心强大的基石。许多时候，你注定要一个人面对所有的事情，必须独立做出一些承诺和选择，必须孤独地承担一些痛苦和挫折。于是，你必须学会自我疗伤，学会用左手温暖右手。

威廉发现妻子出轨了，对第三者充满了恨意。这一天，他看见那个男人独自走在大街上，愤怒之下开车踩足油门朝对方冲过去。

男人被撞成了高位截瘫，威廉也把自己的后半辈子交给了监狱。虽然已经复仇了，但是入狱后的威廉依然对这个世界充满了怨恨。他经常和狱友打架，不愿与人来往。

一个冬天的晚上，大家都在睡觉，突然间地动山摇。所有的人都被惊醒，警报拉响，地震了！牢房顿时乱成了一锅粥，地面开始晃动，房屋的墙壁也开始脱落。突然，一个维持秩序的狱警被压在了倒塌的铁架子下面。

此时，牢房裂开了一个巨大的口子，其他的狱警都在解救牢房里的犯人。威廉知道，这时候逃跑简直轻而易举。但是，这个念头只在他的脑海中一闪而过，随后便投入到救援中去了。

在这次地震中，威廉先救下了那个被压倒的狱警，然后又帮助挖掘废墟中的狱友，最终因为杰出表现被减刑 3 年。这给了他极大的鼓励，对以后的日子燃起了新的希望。

威廉的表现再次得到了狱方的认可，又获得了两次减刑。后来，威廉被提前释放。已经人到中年的他回到家乡，用自己在监狱中学到的手艺谋生，开了一家电子修理厂。不久，他遇到了一个离异的女人，两个人重新组织家庭，过上了平淡而幸福的生活。

命运掌握在自己手中，威廉的经历充分证明了这一点。当年因为冲动，伤害了别人，最后锒铛入狱；本来可能一生都要在狱中度过，但是机缘巧合的地震又给了威廉一次选择。正是这一次，他选择积极面对人生，一步步走上了正轨。

遭遇重大挫折与磨难，有的人无法重新站立起来，心灵因此沉沦。

有的人能够及时调整情绪，选择积极面对未来，他们在自我修炼过程中变得强大，找回了全新的自我。由此看来，挫折与失意并不可怕，可怕的是心理失衡，在沉沦中自暴自弃。

困苦的时候要学会自我抚慰、激励，走到室外呼吸新鲜的空气，接受阳光的沐浴，爬爬山，看看书，听听音乐，让自己心灵中的另一个我说话。学会自我安慰，自我救赎，用积极的心态面对世界，就能走出困难，获得重生。

陷入磨难的时候，或者做错了事情，内心会充满自责，或者会不置可否。外界怎么帮助和关爱，都未必能帮到你。在人生低谷，学会用左手温暖右手，呵护心头的良知与希望，未来的日子终能迎来灿烂的阳光。

内心强大，你就无坚不摧

无穷无尽的指责、怀疑和嘲笑是阻挠人类社会前进的不和谐音符。习惯于坚持的人，一定会用最后的结果将它们打败。

经验表明，所有成功都是心理上的胜利。生活中，有人能够保持乐观、积极、顽强的心理状态，因此任何困难都无法摧毁他，这样的人大多无坚不摧。

而有的人之所以在人际交往中一筹莫展，或者在工作上屡屡受挫，根源在于他们心理脆弱，对外界的风吹草动不具备应对能力、适应能力和变通能力。他们在心理上似乎从来没长大。

当许多人还在谈论年龄优势、发展机会、职业选择等影响成功的因素时，请谨记一点：心理状态才是决定一切的关键。如果你孕育、历练出一颗强大的内心，任何挑战都不会让你情绪失控，也无法挫败你。

希尔顿开创了连锁机构遍布全球的高档酒店，几乎没有人不知道其大名。然而，又有谁知道他在创业初期仅有 200 美元资金呢？那么，他为何能取得巨大成就呢？一切都归功于希尔顿本人绝佳的心理素质。

刚刚起步的时候，希尔顿经过全面考察之后，决定进军酒店行业。尽管当时身上没有多少资金，但强大的内心告诉他：认准了目标就坚持做下去，一定会有所成就。

希尔顿对自己的判断能力和专业水准有足够的自信，而且做好了遭遇困难的心理准备，他相信自己有足够的信念一路走下去，直至取得成功。因此，他凭着超强的自信到处游说，希望那些银行家和风险投资商们能支持酒店项目，并给予资金上的帮助。

最后，在希尔顿强大的人格魅力感召下，再加上酒店项目本身的可行性，许多金融家纷纷开始投资。有了资金保障，希尔顿很快就启动了酒店项目。不过，酒店建设进行到一半时，有一个投资商受到谣言的蛊惑，对希尔顿起了疑心，嚷着要撤出资金。

面对突如其来的变故，希尔顿没有惊慌，而是始终保持着冷静，表现出淡定的样子。他提前准备好了大量现金和支票，找到那个嚷着要撤资的投资商，随后平静地问道："你是想要现金，还是支票？"

看到希尔顿带来的现金和支票，那个投资商并没有改变主意。接着，希尔顿又对他说："假如你坚持收回投资的话，我不阻拦你，现金和支票任你选择。"很显然，他的自信让那位投资商动摇了。对方犹豫了一下，没有再提及撤回投资的事。

看到那位投资商的情绪已经被稳住，希尔顿决定乘胜追击。不过，他并没有一味地劝说对方打消撤资的念头，而是有条不紊地分析道："你看，现在项目已经进行到一半了，如果按预定的计划发展下去，你收回应有的投资回报指日可待。如果这时候你宣布撤回投资的话，不仅得不到回报，而且还会赔偿一大笔违约金，相信你不会干这种得不偿失的傻事。"

遇事唯唯诺诺的人，在心理上从来没长大，无法承担自己的职责和使命。内心强大的人选择积极面对，所以征服了对手。

希尔顿无疑是一个心理素质绝佳的人。那番坚定的话语感染了投资商，酒店的建设才得以顺利进行。此后，希尔顿多次遭遇事业发展上的挑战与瓶颈，但是他凭借那颗强大的心闯过了险滩，迎来了胜利的曙光。

生活中有一些人做事过度小心谨慎，有时甚至扭扭捏捏，做什么事情都不能够放开手脚，似乎总怕犯错误。与他们相处时，会感觉特别拘谨。显然，这样的人无法有更大作为。

一个内心强大的人会传达出坚定的信念，不仅能感染周围的人，还能影响更多的人一致行动。一位朋友极其乐观自信，总能在关键时刻说服客户与之合作，也能瞬间激发下属的工作热情。许多人惊诧于他在紧要关头表现出的自信，以及处理问题的冷静和能力。而这一点，恰恰是大多数人不具备的。

唯唯诺诺的人缺乏自信，遇到挫折就会情绪低落，自然无法赢得委以重任的机会。遇事坚强、勇敢，选择积极面对，才能保持最佳状态，成为最优秀的自己。

对每个人来说，构筑强大的心灵比任何事情都重要。内心强大的人坚定而自信，比那些缺乏自信，或给人以软弱无能、自卑胆怯印象的人，更有可能赢得成功。

承认恐惧是接受恐惧的开始

如果想彻底躲开别人的批评，只有一种办法——什么都不做，让心中的梦想全部熄灭。这办法屡试不爽。

你为什么会感到害怕？为什么不敢挑战自我，不敢追逐梦想？恐惧心理就像影子一样，总是伴随左右。事实上，每个人都有特定的恐惧对象，只不过不轻易察觉罢了。

如何克服自己的恐惧心理？首先要接受“恐惧”客观存在这一事实。

承认恐惧是消除恐惧的重要一步。承认了内心的恐惧，你就能够与之谈判，并最终战胜它。事实上，承认恐惧的客观性，接受内心存在的恐惧感，才能准确了解“为什么害怕”。

一个美国人和一个犹太人组成了家庭，生了一个可爱的小男孩比尔。比尔长到三岁的时候，发现妈妈经常做一种叫作“Kreplach”的食物——长相不是太讨人喜欢，甚至对小朋友来说有点吓人。所以，比尔每次都不敢吃，甚至不敢看。

“Kreplach”是犹太人的一种特色饺子，在外人看来会感觉有些奇怪。为了帮助比尔克服这种莫名的恐惧，妈妈告诉孩子“Kreplach”并不可怕，还把比尔带到厨房，教他如何制作“Kreplach”。

妈妈先给比尔一个面团，让他揉捏，然后问：“你现在感觉害怕吗？”比尔回答说：“不害怕。”比尔玩着面团，渐渐放松了。接着，妈妈切出一个小方块，又问：“这没有什么可怕的，对吗？”“一点也不可怕！”比尔一边揉面团，一边傲气地说道。

然后，妈妈将一点肉馅放入小方块的中间，继续追问比尔是否害怕。随后，比尔的回答仍然是“NO”。接下来，妈妈将一个角折向中央，又折了一个角，再折一个角，最后一个角折起以后，比尔尖叫起来：“这就是Kreplach！”

妈妈说：“没错，你刚刚亲自做了一个‘Kreplach’呢！你还害怕它吗？”小比尔呵呵笑道，“一点儿都不可怕！”

比尔的恐惧来自对“Kreplach”的逃避，妈妈选择用循序渐进的方式让比尔一点点认识了“Kreplach”，最终消除了他的恐惧感。

产生恐惧的原因有很多，在一个充满压力、压抑、竞争的社会中，产生幽怨的心理，以至对未来产生莫名的担忧和害怕，显得司空见惯。此外，出生环境也会给人的心灵带来不同的影响。比如，贫穷家庭出生的孩子会对贫困有极大的恐惧，因为家人可能因为没钱治病而死去。

小时候经历的一些事情，也会对每个人产生重要影响。比如，童年的阴影会隐藏在内心，潜移默化地发生作用，你甚至不曾察觉。所以，充分认识一个人不妨格外注意他在孩童时代的成长经历。

对个人来说，如果童年不幸遭遇了什么，也不要隐藏它。选择勇敢正视，通过向心理医生求助等方式找到根源，才能彻底消除内心的恐惧感。

恐惧心理不可怕，这是正常的情绪体验。找到引发恐惧的原因，并勇敢面对它，是消除恐惧心理的第一步。承认恐惧并接受恐惧，你会发现有些东西并不那么可怕。

世界上最大的谎言是你不行

我只有一个忠告给你——做你自己的主人。

自卑是一种非常消极的自我评价，能将人带入忧虑、抑郁的不良情绪中。一个自卑的人往往无法认清自己的能力，并拿自己的短处和别人的长处比较，从而导致感觉事事不如人。

经验表明，自卑会让人丧失自信、悲观失望、不思进取，如果无法消除自卑的影响，人生的道路注定充满惆怅和孤寂。“我不行”，“我会失败”，自卑的人常常把这些话挂在嘴边，同时又有极强的自尊心，导致内心矛盾、冲突不已。

事实上，每个人都曾有过自卑的念头，属于正常的心理活动。但是，如果不懂得走出这种心理阴霾，甚至让这种危险的念头掌控大脑，就可能因此陷入低落的情绪中，毁了自己的一生。

1951 年，英国人弗兰克在一次实验中发现了 DNA 的螺旋结构，这在当时是非常伟大的成就。为此，他举行了一次报告会，整个英国科学界为之轰动。

弗兰克生性自卑、多疑，当大家为了这一科学成就欢呼雀跃时，他却开始怀疑论点的可靠性。当时，几位比他更权威的科学家都没有发现

DNA 的螺旋结构，这让弗兰克产生了自我怀疑，变得郁郁寡欢，后来竟然放弃了先前的假说。

然而两年之后，霍森和克里克也从照片上发现了 DNA 分子结构，并立刻进行更深入的研究。过了一段时间，他们取得了研究成果后照例举办了报告会，提出了 DNA 的双螺旋结构假说。这一假说的提出标志着生物时代的开端，两个人因此获得了 1962 年度的诺贝尔医学奖。

弗兰克的故事告诉我们，沉浸在自卑的情绪中不能自控，只能毁了自己。如果能自信地面对一切，就没有办不到的事情。遇事不能贬低自己，只要坚定信念、勇往直前，就一定能够走向成功。

如果你缺乏自信，并因为自卑而忧郁，不妨努力发现自己的长处，并用来弥补自己的缺点。具体来说，培养自信需做好以下几点。

第一，客观、正确地认识自己。一个人只有对自己形成公允的认识，才能接纳自己。自我认知总是伴随感情的自我评价，公正的自我评价有助于在情感上获得满意的心理暗示。此外，对于自己的弱点和不足，也要欣然接受，而后再想办法努力改进。

第二，把注意力集中在优点上。如果把注意力集中在自己的优点上，多做最擅长的事情，工作自然会有出色的表现。这些都能增强、支撑起你的自信心，从而获得良好的情绪体验。

第三，适当地自我欣赏。懂得自我欣赏的人更能充满自信，懂得自我激励的人则能突破困境。把你取得的成绩列在纸上，充分认识到自己的价值，自然能在情感上获得自我肯定，有助于克服眼前的困难，摆脱消极郁闷的情绪。

平时与朋友相处的时候，尽量选择那些心态积极乐观的人，尤其是那些懂得欣赏、肯定你的人。外界正面、良性的评价，有助于你重拾自信，走出情绪低谷。

感谢勇敢和坚强的自己

坚持需要勇气,那些坚持到最后的人,往往也是对人生充满勇气的人。

每个人都曾有过悲伤，也曾迷失过方向，但是只要心还在跳动，就还有希望。遇见任何磨难，都不要轻言放弃，因为你远比自己想象的更强大。

大文豪莫泊桑说过：“生活不可能如你想象的那么好，但也不会如你想象的那么糟。人的脆弱和坚强都超乎了自己的想象。有时，我可能脆弱得一句话就泪流满面；有时，也发现自己咬着牙走了很长的路。”

凯洛琳生活在纽约上东区，母亲早年离世，父亲是有名的风投家。可以说，她是含着金汤匙出生的，从小到大没有经历过一天苦日子。她甚至不知道有公交车，因为出门全部都是司机专车接送。

此外，凯洛琳在贵族学校读书，结交的朋友也都是商界、政界的名流，还有好莱坞的明星。在他人看来是梦幻般的生活，对凯洛琳来说却是极其平常的日子。然而天有不测风云，父亲因为商业诈骗被捕入狱，所有财产全部用于还债，还欠了一大笔债务。

突如其来的剧变让凯洛琳不知所措。大别墅不见了，小跑车也没有了，甚至连漂亮名贵的衣服、珠宝也都被没收了。更悲惨的是，曾经的朋友都和她划清了界限。一夜之间，生活天翻地覆，凯洛琳不得不从富人区搬到了贫民区。

起初，凯洛琳以为自己肯定过不了这种平民的日子，绝对熬不过没有大把金钱的生活。可是，为了给父亲还债，她不得不找了一份快餐店服务员的工作。刚开始的时候，她手忙脚乱，不是记错了订单，就是打翻了茶杯，经常被经理责骂，还要被扣工资。起初，凯洛琳只是委屈地哭，但是很快发现这根本没用。无论怎么哭泣，也要把烂摊子收拾干净，并且不会因为眼泪而得到别人的同情。

随后，凯洛琳变得坚强起来，做事也麻利多了。她把在高等学府培养的气质带到工作中，结果受到消费者的喜爱。渐渐地，她竟成了店里的招牌，可以独当一面了。她不再哭泣，虽然偶尔还要被责骂，但是已经学会了在逆境中成长。

三年后，凯洛琳完全不再是富家千金的样子，她凭借出色表现得到了总公司赏识，最后做了店长。回顾这段日子，凯洛琳从没有想过自己可以熬过来。刷盘子，扫地，收钱，一天微笑十几个小时，这些几乎是她从来没做过的事情，现在居然可以做得这么得心应手。凯洛琳说："我从来没有想到过，自己可以这么强大。即便是家里破产，也没能打垮我。"

过惯了奢华的生活，当这一切都不存在了，不必恐惧。也许你认为自己无法忍受平常的日子，但是只要有勇气面对，就会从容应对未来的挑战。

人的潜能是无限的，有待慢慢发掘。在艰难困苦中磨炼人的意志，在危机中产生发明、发现，都屡见不鲜。战胜危机的人是那些敢于超越自己，而且没有被危机征服过的人。一旦你有勇气直面困难，呼喊它的名字，一切就变得不再害怕。

对过去不必悔恨，对未来不必恐惧。坦然接受眼前的事实，努力尝试着应对挑战，没有什么能阻挡你前行的步伐。找到那个具有强大生命力的自我，没有人可以否定你的能量，只不过你不曾发觉而已。

人生中的所有挑战都是心智的较量，唯一的对手是自己。有些事，不逼自己一下永远不知道会走到哪一步。胆怯恐惧的情绪不宜跟随太久，勇敢走出第一步，你会感谢勇敢和坚强的自己。

第10章 不后悔

事情已经发生了，不妨坦然接受

拿得起，放得下，是一种真正的人生智慧，也是一种豁达的人生态度。人生一世，要学会选择，懂得放下。忘记苦难和不愉快，你就能成为最幸福的人。

别在意那些抓不住的东西

只有真理才能永存，其他的一切都必将消逝。

许多人大学毕业后，常常被追问：“你究竟在大学里学到了什么？”一个令人印象深刻的回答是：忘记书本上的知识，剩下的就是你真正得到的财富。

人生就像一列驶向远方的火车，旅途中会越过山丘、河流，会看见百花开放，也会遇到白雪皑皑。但是，这些风景都会随着火车的行进而消逝，留在你脑海中，陪伴你度过漫漫旅程的，恰恰是你看风景时的心情。

露西是一名16岁的女孩，长得非常可爱，却遭遇了一段噩梦般的经历。在一次野外探险中，她和同学走散后，在隐蔽的山林里被坏人强暴了。这给露西的心灵带来了沉重打击，从此她整天以泪洗面，郁郁寡欢，甚至产生过轻生的念头。

有一天，露西走到小区的教堂里，向神父祷告。刚说出第一句话，她就泣不成声了：“我为什么会有这样的厄运？我到底做错了什么，上帝要这样惩罚我！我以后怎么生活呢？”

神父平静地听完露西的哭诉，然后问道：“姑娘，你被强暴是自愿的。”露西被神父的话吓住了，然后生气地反问：“你在说什么？我怎么可能是自愿的呢？”神父仍旧一脸平静地说：“你被强暴了一次，但是却对这件事念念不忘，这相当于在心里天天甘愿被强暴了一次又一次。”

听到这里，露西有点儿迷茫了，委屈地说：“我也不想这样，那我该怎么做呢？”

神父说：“世界上没人能一帆风顺，不幸的事情发生了，就像你看了一场电影，让它过去吧。如果天天沉浸在痛苦的回忆中，不是在自虐吗？这和再被欺侮一次有什么区别吗？外界的环境很难改变，但是我们可以改变自己的态度。你控制不了别人，却可以掌控自己的情绪。不管过去经历什么，重要的是打起精神面对未来的生活。”

露西听后恍然大悟，意识到不能让这件事继续扰乱心情了。在痛苦中无法自拔，既浪费了青春，也毁掉了当下的生活。

英国前首相劳合·乔治有一个习惯，无论进出什么场所，都习惯性地将身后的门关上。有朋友问，是否有必要这么做。劳合·乔治说：“当然有必要。”当我们关上一扇门的时候，也就意味着过去的一切都被关在了门的另一边，不管是辉煌的成就，还是痛苦的回忆。只有做到这一点，才能够继续前行。

生活列车在前进，窗外不可能只有美好的风景，也会有肮脏的臭水沟、破败的小村庄，甚至是战争之后尸横遍野的场面。但是这些都只是风景而已，它们不会也不应该常伴你的左右，影响你的情绪。

事情已然发生，不管是好是坏，都已经覆水难收。始终保持轻松的心境，恬淡地看待窗外的风景，思考人生有价值的东西，感恩上帝的每一个安排，你就没有后悔可言了。

无论生活怎样风起云涌，日子也不过是一杯茶，一碗饭，曾经的种种都如过眼云烟，不会再激起心中的层层涟漪。人生苦短，不必在忧郁的情绪中徘徊，所有的人和事都顺其自然，离去的都是风景，留下的才是人生。

米兰·昆德拉说：永远不要认为我们可以逃避，每一次选择都决定着最后的结局。朝着一个目标前行，面对旅途中那些不愉快的事情，你可以把它们看作终究会被列车抛在身后的一抹风景。不必在意那些抓不住的东西，多留意掌心的幸福才好。

不妨让人生留一点缺憾

每一个人的思想，都是许多矛盾品质的统一体，不同的人会表现出不同的主导品质。

人生的魅力在于不能重新来过，每个人都会留有遗憾。即使能够重来，你仍然会留下其他遗憾。人的一生可以说是一道又一道选择题，但是每个选项都不会是最完美的答案，都会存在固有的缺憾，然而正是因为有了这些缺憾的存在，才能让人变得更加坚强，才能理性地面对人生的不公。可惜，很多人不能接受自己存在的缺憾，努力做到完美。

一张白纸，上面有一个小黑点，如果拿着它问人们看到了什么，多数人会说看到了一个小黑点，而注意不到那张白纸。这说明人们的关注点容易放在那些缺憾的事物上，如果一个人总是关注人生中的那些小黑点，就会产生自卑感，出现悲观消极的心态。人生难以完美，缺憾一定是少不了的，我们要学会接受。

人生实在没有必要去刻意做什么，不必刻意追求完美，也不必刻意回避缺憾，一切顺其自然。既然缺憾是不可避免的，学会接受它就是成熟的表现。鱼与熊掌不可兼得，这就是人生的无奈。成熟的人能坦然接受一切不完美，用坚强的心弥补缺憾带来的伤害。

事实上，精彩的人生也是从缺憾中走出来的，希腊神话中的维纳斯是唯一一个没有双臂的女神，却成了最美的一个，正是因为她的缺憾才成就了她的完美。人有悲欢离合，月有阴晴圆缺，缺憾未必不是一件好事。缺憾本身就是一种美，有些东西，拥有过就好，不必过于贪求，更不要妄想长久地占有。

人生就是一道道选择题，每道题都有多个选项，每个选项中也会有很多可能。但是每个人只能选择一个答案，不可能面面俱到。也正因为有这么多选项，每个人的人生才会不同。一个人要想在某一领域取得一定的成就，就必须放弃其他领域，尝试着在追寻人生的过程中接受缺憾。人生就是如此，因为有了缺憾，那些快乐才更容易被人发觉，那些幸福才更让人珍惜，那些往事才更让人刻骨铭心。

一座寺庙供着一座雕刻得非常精美的佛像，每天都受到众多香客的膜拜。而通往寺庙的台阶是由跟它采自同一座山体的花岗岩砌成的。有一天，台阶不服气地对佛像说："我们本是兄弟，为什么你接受众人的膜拜，而我却被他们踩在脚下？你有什么了不起？"佛像淡淡地说："因为你只经历了四刀，而我却经过了千刀万剐才成了佛。"

生活中，人们总是喜欢与别人比较。为什么我们同时参加工作，你却取得了今天的成就？为什么我们在一间办公室工作，你却得到了领导的器重？为什么你我同样工作，但是你的报酬比我多？……我们习惯于将自己的缺失与他人的所得进行比较，而忽视了他人比自己多付出的那些汗水和努力。这样，我们不会得到真正的快乐。

坚强起来吧，正确面对人生的遗憾，接受那些不如意的事情，并尽可能通过自己的努力去弥补这个缺憾。生活中会有很多不如意，甚至不合理，可能仅凭个人的力量无法改变，但是我们可以改变自己的心情和态度。当缺憾出现了，最好的办法就是让它赶快过去，腾出更多时间去做更有价值的事情，这样你的人生才不会虚度。

既要学会怀念，也要学会忘记

人的思想似乎遵从一种法则：越是占据心神的东西，越容易在生活中出现。所有人都经历过这样的事情。

泰戈尔说过："当你为错过星星而伤神时，你也将错过月亮。"生活中，一个人不仅要学会怀念，更要学会忘记过去。对于痛苦来说，忘记是一种解脱；对于疲惫来说，忘记是一种宽慰；对于自我来说，忘记是一种升华。

在漫长的人生道路中，如果把所有的恩怨情仇、功名利禄等都时刻记在心上，这无异于背上了沉重的十字架。无形的枷锁会让生命变得痛苦不堪，以至精神萎靡、一蹶不振。生命之舟失去了依靠，在茫茫大海中迷失了方向，就会有倾覆的危险。

无论你快乐或者忧伤，都不会左右生活前进的脚步。人生的精彩之处在于经历了怎样的过程，而不是得到了怎样的结果。所以，人生就是把无数明天变为今天，再把今天变为昨天的过程。聪明的人懂得忘记过去，不为打翻的牛奶哭泣，所以他们总能带着愉快上路，成为最大的赢家。

美国南加州大学有一位生物学博士，名叫保罗·布兰德威尔。他做事严谨，同学们似乎都有点畏惧。因此，上课时大家都战战兢兢，对保罗也没有什么太好的印象。直到有一次，保罗在课堂上做了一件事，彻底改变了大家的认知。

那天早上，全班同学走进实验室。保罗·布兰德威尔博士将一瓶牛奶放在桌子上。大家都安静地看着那瓶牛奶，心想：“这和今天的生理卫生课有什么关系？”

这时，保罗·布兰德威尔博士突然站起来，一不小心把那瓶牛奶碰倒了。这时，同学们一阵慌乱，有人甚至惊呼起来。保罗·布兰德威尔大声说道：“不要为已经打翻的牛奶哭泣。”

随后，他又一字一句地说：“大家都看见了，这瓶牛奶已经洒了，无论你多么着急，都没有办法再将其收起来。我希望你们永远不要忘记这个道理。其实，只要开始稍加预防，那瓶牛奶就不会被打翻。可现在一切都太迟了，我们能做的就是把它忘掉，丢开这件事情，去关注下一件事。”

一名学生亲眼看到了一切，日后深有感触地说：“我从这堂课中学到的东西，超过了整个高中时代的所学。从那时起，我明白了这样一个道理：只要可能的话，就不要打翻牛奶，如果万一打翻了，牛奶就会流掉，你就彻底把这件事忘记。”

生活中，人们常常做着背道而驰的事情。你可以设法补救某件事产生的后果，但不可能改变已经发生的这件事。想让过去的错误变得有价值，唯一的办法是以冷静的态度反思当时的行为，从错误中吸取刻骨铭心的教训，然后再把错误忘掉。

著名的棒球手康尼·马克说：“过去我总是为输球而烦恼，可现在我觉得这是一种非常愚蠢的行为。既然输球已成事实，我又何必沉浸在痛苦的深渊里呢？既然水已经流进河里，就不可能再收回了。”

生命有限，在宝贵的时光中，将一些无关紧要的事忘掉，重新赋予生活更多积极、有意义的主题，你就能放下包袱轻装上阵，信心满满地面对现在，斗志昂扬地迎接明天。

是啊，流入河中的水是不能再收回的，打翻的牛奶也无法重新收集起来。但是我们可以在事情发生后采取积极的态度，告别伤感、后悔等不良的心理状态。

莎士比亚说：“聪明人永远不会坐在那里为他们的错误而悲痛，却情愿去寻找办法来弥补他们的损失。”只有学会忘掉，才能走出失败的阴影和自卑的泥潭，这是成功人士共同的经验总结。如果你还在为昨天的某件事耿耿于怀，那就尝试着调节一下心绪吧！

聪明人都拿得起放得下

专横、强壮、富有、好运也总会有另一面，其他也莫不如此。

苏格拉底说：“对我来说，世上没有任何一样东西是必不可少的，我心里无牵无挂，所以我快乐。”面对世界的变幻无常，应该懂得拿得起，放得下。这是一种处世的睿智，也是一种做事的艺术。

所谓“拿得起”，其实是一种心理状态，是一种面对困难和挑战的态度。是在顽强的决心之下，对事情做出明智的分析和理解之后的一种承担，深藏于人的内心。当面对一些不顺利的事情或者挫折，想要放弃或者退缩时，它都会适时地敲响鼓点，激励人们坚持到底，直到取得成功。

所谓“放得下”，也可以理解为一种做事的策略与技巧，当自己坚持的方向不正确，不会为自己带来意想中的结果，或者遇到“千斤重担压心头”以及非常大的诱惑时，能把心理上的重压卸掉，使之轻松自如。

有这样一个故事：

一个国王为了寻找快乐，命大臣四处为他寻觅答案。一天，大臣遇到一个“没有一天不快乐”的农夫，便问其原因，农夫说：“我曾经因为脚下没有鞋穿而整天沮丧，直到有一天，我在街上看到了一个没有脚的人。”大臣顿悟，原来快乐竟如此简单。

第一次读到这个故事时，我的心灵有一种被撞击的感觉。原来，我们不曾珍惜的东西，在没有它的人的眼中，是多么珍贵。蠢蠢的欲望折腾得你总想找到一个出口，然而却总是迷路。若你能舍弃浮华，放下包袱，轻松上路，你就会感到一种从来没有过的开心与自在，这就是简单与质朴的生命。放下，你才会快乐；放下，快乐就在眼前。

一个人如果贪念太多，超出了自己的需求，或者超越了个人的能力，就会身心俱疲。这时候，你已经成了欲望的奴隶，并在欲望的驱使下费尽心神，没有一丝安宁。这样的生活没有任何快乐可言，只有无尽的痛苦相伴。真正的智者，都懂得放下不属于自己的东西。

我们总是嘲笑他人冥顽不灵：为什么不放下贪念让心灵变轻松呢？其实仔细想想，自己又何尝不是呢？因为不愿放下眼前已有的利益，而最终因小失大的人不计其数。人生，其实就像下围棋一样，只有偶尔放弃小的利益，才能得到更大的利益。但如果想“鱼和熊掌”兼得，那最终恐怕什么都得不到。

对于刚柔相济的弹性人生来说，放下是为了更好地进取。当你放下自我、舍弃拥有时，你会获得从头再来的充实，品味收获的喜悦，拥有创业的荣耀。你得到的将是对生命真谛的理解和跨越，当然，所有这一切只有在放下的同时付出更多的努力，才可以成为现实。

心理学家曾做过这样一个实验：

让138位年轻人共做一件事情，让一半人把自己的事做完，另一半人中途停止。几个小时后，那一半中途停止的人对没完成的事情耿耿于怀，甚至变得焦虑不安。

这说明，当想做的事情没有完成时，人们便会对这件事始终放不下心。更有甚者，如果人的这种担心得不到适度的调适，便有可能走向一种极端，会过分地产生一种强烈的欲望而不顾客观条件和自身能力，一味地纠结下去，以致自己走入死胡同。这样，生命会变得又累又枯燥，生活也会变得十分乏味。

现实中，我们“放不下”的事情太多太多。功名利禄、金银财富、忧愁苦闷等在心中占据了太大的位置，以至于每天都被这些事情困扰，心事不断，愁肠百结。特别是对于一个受了伤的失败者来说，只有放下失败，你才有可能让生命重放光彩。

菲尔德是19世纪中叶著名的实业家。有一次，他率领工作人员，准备用海底电缆把“欧美两个大陆连接起来”。当这一伟大的工程实施成功之后，他霎时成为全美国最受尊敬的人，被誉为“两个世界的统治者”。

盛大的接通典礼开始了，人们纷纷把他推向主席台前。这时，刚接通的电缆传送信号突然中断了。霎时，人们的欢呼声变为愤怒的狂涛，那一刻，所有的人都骂他是“骗子”“白痴”等。这时，菲尔德对这些毁誉只是微微一笑，并没有解释什么。

在接下来的六年时间里，不管外界如何诽谤，菲尔德依然不做任何解释，把所有的精力都用在研究电缆上面。六年之后，他终于通过海底电缆架起了欧美大陆之桥。在随后的庆典晚会上，他又一次成为最受尊敬的人。面对这一切，菲尔德只是微微一笑，站在人群中观看。

人生就是一场游戏，有时你会赢，有时则会输。生命有得到是正常的，有失去也是正常的。平和乐观，拿得起，放得下。这才是智者的姿态，也正是这种平和的心态，使菲尔德在遭受失败之后依然坚持不懈地为自己的事业奋斗，并最终取得了成功。面对期间的谩骂，他始终保持一颗平常心，拿得起，放得下。

其实，我们应当注重培养豁达的心态，当经过长期的坚持以及不懈努力之后，依然没有实现自己的目标时，就该冷静地思考一下其中的原因。究竟是方向不对，还是方法或者技巧不对，还是自身的条件不足，是否有待提高或者做一下调整。这时应该放慢自己的脚步，冷静地分析一下，放弃那些没有可行性甚至不理想的方案。即使当初曾认为是万无一失的决断，如果经不起推敲，也只是一些轻率的想法而已，如果继续坚持下去，可能会将人引向错误的方向。狄更斯说："苦苦地去做根本就办不到的事情，会带来混乱和苦恼。"因此应该适时地放下，这样才有更多的时间与精力做其他更重要的事。

世上没有过不去的坎，只有迈不动的脚。所以，面对生活中的各种负累，只有毫不犹豫地放下，才能得到解脱。每当不得不放弃的时候，我们就一定要拿得起，放得下。那些不愿放弃的人只会让自己更加痛苦，只有那些选择放弃的人才会活得更加充实、轻松。

抖落身上的尘土与烦恼吧，做一个拿得起放得下的人！

冲动的时候要踩急刹车

失去理性思考能力的人，不可能采取正确的行动，也无法做出卓越的贡献。

生活中经常出现这样的情景：在洗手间，无意间听到同事说自己的坏话；深夜，邻居仍然把音响开大到让人忍无可忍的地步；客户总是高高在上，提出许多无理的要求。这时候，人们容易冲动，做出过火的举动。

冲动是最具破坏力的一种情绪，它带来的负面影响远远超出我们的预期。许多时候，击垮巨人的并不是深重的灾难，而是不善于自控的冲动。

西方有一句哲理："上帝想要毁灭一个人，必先使其疯狂。"一个人无论多么优秀，如果关键时刻缺乏应有的自控力，必然会因冲动做出让自己终生后悔的事情。

炎热的夏天，社区的游泳馆因为维修关闭了一周。今天，终于可以畅快地游泳了，九岁的凯恩听到这个消息，高兴地差点跳起来。他没有耐心等爸爸妈妈同行，率先来到了游泳馆。

游泳池边围满了人，大家争抢着寻找容身之处。凯恩看到深水区有一片空闲的区域，立刻朝那里游过去。但是，冲动的凯恩忘了自己并不擅长游泳，平常只是带着游泳圈在浅水区戏水。

果然，凯恩很快沉入水底。爸爸紧随凯恩进入游泳馆，看到儿子没带游泳圈就冲向了深水区，来不及换衣服就跳进泳池。最后，爸爸在众人的帮助下把儿子救了上来。凯恩躺在爸爸的怀里终于醒来，整个人软绵绵的，嘴里吐了许多水。

冲动虽然满足了一时的欲求，但是伴随冲动而来的是更大的灾难。工作中，因为对老板不满而发牢骚，结果失去晋升、加薪的机会；婚姻中，因为不满丈夫未做家务而大吵大闹，其实这种争吵毫无意义……

遇事没有耐心，说话不计后果，冲动之后往往后悔不已。经验表明，脾气一旦爆发，冲动根本无法抑制，而伤害最深的是我们亲近的人。与其事后懊悔，不如事前保持一颗冷静心。

那么，人们为什么容易冲动呢？具体来说，主要有生理、心理两方面的原因。在生理方面，饮食上应该尽量吃一些清淡的食物，也可以吃一些养肝护肝的食品。

在心理方面，平常应该看一些修身养性的书籍，保持神志清净、恬淡。任何事情只要过去了，就不要耿耿于怀，别过分指责自己，应该思考下次遇到这样的事情该怎么做。如果知道自己有冲动的毛病，平常更应该加以克制。遇到令人生气的事情，最好冷静30秒再做决策，这样处理事情会更加理性公正。

总之，冲动的时候懂得踩急刹车，坚守理性的底线，才能避免做出后悔的事情。为此，我们应把握好以下两点。

首先，对冲动带来的危害有足够的认识。只有认识到问题的严重性和危害性，才会有意识地克制自我，避免冲动而为。事实上，遇事冲动不但无法有效解决问题，反而会让局面变得更加糟糕，增加新的矛盾，实在得不偿失。

其次，遇到问题要理性思考。善于站在对方的角度考虑问题，多想想别人的利益诉求，就能有效避免意气用事。做一个理性人，善于站在全局高度考虑问题，具备应有的大局意识，就能最大限度地妥善处置问题，取得让各方满意的结果。

得意忘形的时候往往最危险

时间是愈合伤口的魔术师。时间能治愈任何病态的或无知的人，有时候我们之中的大部分两者均占。

人生得意须尽欢。遇到好事的时候，享受成功的喜悦、掌声，内心产生一丝轻狂是自然的事情。然而凡事过犹不及，得意之时，如果马上表现出神采飞扬的样子，在待人处事时，必定成为他人眼中不受欢迎的对象。

在荣誉面前保持平和，才会有更大的进步，也不会影响到别人的感情，避免引起外界反感。

有一次，一位先生约了几个朋友来家里吃饭，这些朋友彼此都是熟识的。他们聚拢到一起主要是想借着热闹的气氛，让一位目前正陷入低潮的朋友心情好一些。

这位朋友不久前因经营不善，关闭了公司，妻子也因为不堪生活的压力，正与他谈离婚的事，内外交迫，他实在痛苦极了。

来吃饭的朋友都知道这位朋友目前的遭遇，大家都避免谈论与事业有关的事，可是其中一位朋友因为目前赚了很多钱，酒一下肚，忍不住谈自己的赚钱本领和花钱功夫，那种得意的神情，在场的人看了都有些不舒服。

那位失意的朋友低头不语，脸色非常难看，一会儿上厕所，一会儿去洗脸，后来提早离开了。一出门，他愤愤地说：“会赚钱也不必在我面前说得那么神气！”

人人都会经历人生的低谷，也会遇上不如意的事情。这时候，在失意的人面前炫耀自己的得意之处，无异于把针一支支地插在别人心上。既伤害了别人，对自己也没有什么好处。

一般来说，失意的人较少有攻击性，郁郁寡欢是最普遍的心态，但别以为他们只是如此。听你谈论了你的得意后，他们普遍会有一种心理——怀恨。这是一种钻到心底深处的愤愤不平，你说得口沫横飞，却不知不觉已在失意者心中埋下一颗炸弹，多划不来。

失意者对你的怀恨不会立刻显现出来，因为他无力显现，但他会通过各种方式来泄恨，例如说你坏话、扯你后腿、故意与你为敌，主要目的则是——看你得意到几时，疏远你，避免和你碰面，以免再听到你的得意事，于是你不知不觉失去了朋友。

爱因斯坦由于创立了相对论而声名大震。据说，有一次，九岁的小儿子问他：“爸爸，你怎么变得那么出名？你到底做了什么呀！”

爱因斯坦说：“当一只瞎眼甲虫在一根弯曲的树枝上爬行的时候，它看不见树枝是弯的。我碰巧看出了那甲虫所没有看出的事情。”

得意之时少说话，而且态度要更加谦逊，谦虚不仅是待人成功的要素，谦逊与内心的平静也是紧密相连的。我们越不在众人面前显示自己，就越容易获得内心的宁静，这样就容易引起别人的认同，得到别人的支持。

在日常生活中，人们更留心那些内向、自信，不随时随地表现自己的人。大部分人都喜欢那些不自夸、谦逊的人，他们懂得在隐忍中修行，而不是表现为自我主义。

遇到高兴的事情，人们喜欢倾听赞美的言辞，但是面对外在的夸奖，我们要保持冷静思考，不能恃宠而骄，最后断送美好的发展前程。

第11章 不怀疑

所有的成长，都是因为站对了地方

做人如果没有梦想，跟咸鱼有什么分别？太多人过着平淡无奇的生活，在没有悬念的剧本里起舞，一颗火热的心渐渐地失去温度。在人生这条路上，能带给人安慰的只有梦想和奋斗。

永远做一个情商高的人

一个成功的人和一个失败的人之间的差别并不在智力上。更多时候，会运用潜在的能力才是成功的关键。

情绪是一股强大的心理能量，如果调控得当，会提高人们的注意力、警觉性，呈现出心理素质佳、大局观念强等高情商特征。反之，如果情绪失控，人就如一匹脱缰的野马，成为情绪的奴隶，从而在工作、生活各方面表现出低情商的特性。

研究表明，人们在观念、情感等方面会无形中接受外界环境的影响，进而影响到行动。一旦进入积极的情绪状态中，人们会在心理上变得更坚强、勇敢，也更有韧性和抗压能力，并取得令人惊奇的进步。

罗伯特·罗森塔尔是美国著名心理学家、加利福尼亚大学教授，他曾经和助手雅各布森对一所小学各个年级的学生做过“智商测试”。

测试结束之后，罗森塔尔拟定了一份名单，然后对老师说：“根据调查，这份名单上所列学生的智力水平超出了同龄人，他们的前途不可限量。为了保证这次测试的公正性，我希望老师们能够将这份名单保密。因为这项测试和研究是一个艰巨的课题，也许十年之后才能得到答案。等时机成熟了，自然会公布答案。”

随后，每位老师都得到了一份“天才学生”名单。大约过了八个月，罗森塔尔和助手又回到了学校。他们开始对这些学生的个人成绩、在校表现进行较为详细的统计调查。结果，他惊喜地发现，在过去八个月的时间里，这些“天才学生”的学习成绩有了大幅提高，而且在为人处世、待人接物等方面也有了很大进步。

原来，罗森塔尔从一开始就“欺骗”了老师，那份“天才学生”名单无疑在暗示他们：要在以后的教学中对这些优秀分子加以优待。而受到优待的学生，也会认为自己就是所谓的“天才”，从而在积极心理暗示的引导下努力学习，最终取得了好成绩。

事实上，“天才名单”中的学生只是随机抽取的，这些人在智商方面并没有什么过人之处。只不过，他们得到心理暗示后，在情绪上积极乐观，越来越努力地表现自己，经过一段时间后就有了巨大进步。

在上面的故事中,“心理暗示”其实就是一种情绪激发,当事人在情感、素养方面保持良性状态，所以学习成绩有了突飞猛进，甚至在为人处世方面也令人刮目相看。通过比较可以发现,情商比智商更能促成个人发展,并帮助其走向成功。

一位女士在一家肉类加工厂工作。这一天，当她走进冷库例行检查时，门被意外地关上了。此时，大部分工人已经下班了，她被锁在冷库里，根本无人发现。她竭尽全力喊叫，并敲打冷库的门，但是没有人能够听到。

几个小时后，她冻得浑身发抖，几乎绝望了。濒临死亡的边缘，她开始回想这一生……忽然，冷库的门打开了，最终工厂保安救了她。

后来，这位女士问保安：“你为什么会去开门？这不是你的日常工作。”保安说：“我在这家工厂工作了35年，每天有几百名工人进进出出，但是只有你在上班的时候主动向我问好，下班的时候主动跟我道别。所以，我对你印象深刻。”

“今天早晨，你照例对我说了一声‘你好’。但是下班后，我却没听到你跟我说‘再见’。你每天的问候让我很开心，自然我也会关心你。今天没有听到告别声，我知道可能发生了什么事，所以才到工厂里四处找你。”

这位女士能够起死回生，与其说是善良的保安救了她，不如说是她拯救了自己。平日里处处与人和睦相处，重视身边每一个人，如果没有足够的耐心和教养，显然做不到这一点。无疑，她是一个热爱生活的人，情感丰富，情商也很高。这种谦卑、友善的个性影响了保安，也让后者在关键时刻帮助了自己。

一个人有怎样的命运，能做出怎样的成就，虽然与周围的环境有关，但是终究取决于本人。与智商相比，情商更能左右一个人的思维、判断，并影响其行为。

态度决定一切

信心能战胜人生道路上所有的障碍，也许连死亡它都不会放在眼里。

欧文·H. 歇尔教授是美国最受推崇的“领导艺术”权威。他说：“一个人取得各项成就，除了条件和能力，还取决于其他因素。我坚信，起催化作用的因素是态度。当人们的态度正确时，能力便会充分发挥出来，从而取得一个个可喜的成就。”

歇尔教授所说的“态度”，就是一个人对万事万物应有的认知，也是内心深处的真实想法。每个人在“认知”的作用下产生特定的情感，或厌恶，或喜欢，或愤怒，或伤心……表现为特定的情绪。

认知将情感塑造成情绪，经历了怎样的过程？为什么你会“觉得”幸福，而他会“感到”生气呢？情绪到底是怎么产生的？心理学家詹姆士认为，人们能够辨识不同的情绪，是因为每种情绪都有特定的生理模式。

比如，一个人生气时会心跳加速、血压升高，这些生理变化被大脑辨识、确认后，就会得知其符合“生气”的生理模式，从而“感觉”到自己生气了。又比如，发生地震的时候，人们的肾上腺素分泌增多、心跳加快，于是大脑认为自己处于“害怕”情绪中。也就是说，人受到刺激产生特定的生理变化，进而感受到特定的情绪。

1848年9月13日，年轻的菲尼斯·盖奇在美国佛蒙特州铁路建设工地上工作，负责爆破岩石。一颗火星意外地点燃了炸药，铁锹从盖奇的左颧骨下方穿入头部，并从眉骨上方伸出来。

被铁锹击倒后，盖奇的左前部颅骨几乎完全被损毁。幸运的是，他活了下来，并在10周后出院了。随后，盖奇逐渐恢复了体力，又可以工作了。

虽然头上有个洞，但是盖奇能像正常人一样说话，思维也很清晰。唯一的变化时，盖奇的行为和性格与以往大不相同。身边的朋友发现，原来能力出众、灵活机敏的盖奇不见了，变成了一个缺乏耐心、粗俗无礼的人。

经过检查发现，盖奇智力正常，但是脑部创伤严重损害了他的情绪能力。也就是说，盖奇无法理解情感，对他人的喜怒哀乐变得无动于衷。结果，他在工作中很难与人合作，最终丢了工作。此后，虽然多次尝试新的职业，但是都无法持续，于1860年因癫痫发作去世。

盖奇的故事提醒人们，无法理解情感和情绪是多么可怕。一个人保持理性还远远不够，必须感受到情绪变化，才能理解这个世界，并与外界融洽相处、达成合作。

人体的生理反应是无法控制的，但是我们可以通过无意识的身体表现意识到情绪来了。比如，看到逗趣的事情会大笑，产生快乐的体验。感觉开心、愉悦，这是对“快乐情绪”的解释。我们能够意识到自己的感受，并在此基础上做出决定——开心的时候更容易接受他人的建议。

显然，情绪的产生除了借助生理反应的辨识，还有赖于人为的主观思考及判读，即特定情感指向。人是情感动物，因此时时刻刻都被情感左右；同时，准确理解他人的情感，是正确决策的前提。因此，能否有效地表现情感，而不是抑制或者限制情绪，能充分体现一个人的情商能力。

生活中，人们接受外界刺激，产生特定的生理变化，进而感受到某种情绪。反过来，人的生理状况也会随着情绪波动而产生特定的变化。根据这一原理，人们发明了“测谎器”。具体来说，其基本原理是：一个人说谎的时候会产生紧张、焦虑等感觉，进而不由自主地产生特定的生理反应；由此，有经验的人就能判断出当事人是否在撒谎。

给自己一个合理的定位

拟订一个实现你理想的具体计划，无论有没有准备好，都要立刻将计划付诸行动。

哈佛教授哈恩曼经常给学生讲这样一个故事：一个乞丐站在路边，手里拿着几个橘子。这时，一个商人走过来，将几枚硬币塞给乞丐后匆匆离开了。过了一会儿，商人又回来了，对乞丐说：“对不起，刚才我忘了拿橘子。”

乞丐面露难色，说道：“我只有这几个橘子了，没有打算卖掉它们。我只是站在这里等好心人的施舍。”商人摇摇头，坚定地说：“我认为我们都是商人。”

很多年之后，在一个非常重要的场合，这位商人再次见到了当年那个乞丐。此时，他衣着鲜亮，打扮入时，已经成为一位成功人士。他对这位商人表示了感谢。正是因为当年对方将自己定位成商人，他才拥有了今天的生活。

哈恩曼教授向大家分享这个案例意在强调一个观点：位置决定人生道路。那么，这个观点背后有怎样的逻辑呢？

第一，每个人都处于不同的位置，你将自己定位成什么人，就会朝着这个方向努力。

每个人的精力和时间都是有限的，然而即便是一个弱小的生命，如果将全部精力集中到一个目标上，也会有惊人的成就。反之，即便是一个强大的生命，如果分散精力，一会儿干这个，一会儿干那个，最终往往一事无成。

英国《自然》杂志收录过一篇文章，一位学者去丛林考察，无意中看到了一只小鸟与一条猛蛇大战的全过程：

一只麻雀那么大的小鸟在觅食过程中遭遇一条猛蛇袭击，它没有逃跑，而是寻找机会用尖喙一下一下地啄猛蛇的头部。小鸟的力量非常小，一两次的袭击根本不会对猛蛇造成伤害。可是，这只小鸟不断地袭击猛蛇，而且每次的袭击点都在同一个位置。终于，经过上百次的攻击，小鸟竟然让那条猛蛇丧命。

从各方面来看，小鸟均处于劣势，但它为何能成功制服强大的猛蛇呢？因为小鸟瞅准了一个点，将自己的全部力量集中于此，经过无数次的攻击，最终打败了猛蛇。

第二，定位在什么样的位置，会影响人生的道路。

一个定位往上攀登的人，他的心永远向上；反之，一个甘心成为别人绊脚石的人，永远不会有大成就。正如哈恩曼教授提到的“乞丐”，在外界的指引下将自己定位为商人，而非沿街乞讨的人，终于成了一名衣食无忧的富人。

可见，不同的人会给自己不同的定位，而这个定位将决定其未来的人生道路。如果你长时间努力工作，却没有准确的定位，那么一切努力都是徒劳。一个人是否能够成功，不在于他做了多少工作，而在于他做了什么工作。不同的定位，成就不同的人生。

很多人看似忙忙碌碌，可是最终一无所获。原因不是他们不够努力，也不是他们不够聪明，而是因为他们不懂定位，没有将自己的精力集中于一个目标。我们将人生比作一次远行，从起点到终点如果只有一个方向，那么到达的距离会很远；但是，如果有很多方向，则会出现一个结果：原地画圈，走不了多远。

人的时间和精力是宝贵的，不同的选择成就不同的人生。给自己一个科学、合理的定位，并为之不懈奋斗，则更容易突破自我，抵达成功的彼岸。

别人贪婪时，你要谨慎

才能本可以带来乐趣，但如果滥用，也会导致相应的惩罚。

生活在长拜尔的一种猴子，平常喜欢偷吃农民种的花生，并以此为乐。当地的农民为了保护自己辛苦种植的花生不被偷吃，就一起商量怎样把这些猴子抓住。后来，他们通过长期观察猴子的生活习性，发明了一种极为巧妙的捉捕办法。

农民从家中找了一些葫芦形的细颈瓶子，然后把它们系在大树上，并固定好。然后，他们把花生倒入了瓶子里，用来引诱那些猴子。这一系列的准备工作都完成以后，农民就开始“守株待兔”了。

这一天，有一群在大树周围玩耍的猴子发现了挂在树上的瓶子。看到瓶子里的花生，它们格外地高兴，并急匆匆地把爪子伸进瓶子里，希望多拿一点。可是，当初农民选瓶子时，只选那些容易伸进爪子，但是拿到东西后却不容易把爪子拿出来的瓶子。所以，抓满花生的时候，猴子始终无法把爪子拉出来。

那些生性比较贪婪的猴子，一定不会把到手的东西轻易放下。它们就这样硬硬地握着满爪的花生，等候在瓶口旁边。等到第二天农民来了，它们也不愿意松手逃命，依然想着要把美味的花生塞到嘴里。最后，农民不费吹灰之力便逮住了猴子。

或许，很多人看到这则小故事后会笑猴子太傻，不懂得舍弃。但是，生活中有太多人像这些猴子一样，即使遇到危险也对眼中更重要的东西紧抓不放。

荷兰人在 17 世纪的时候，研发出了很多郁金香新品种，一时间征服了无数欧洲民众。这对郁金香的种植者来说是一个天大的好消息，于是他们更加努力地钻研，以期待从中牟取暴利。

这种热情传播到家家户户，几乎所有人都开始寻找经过变异和整过形的花朵。并且，几乎家家户户都建起了花圃，种上了郁金香。他们把全部的时间和精力都花在了照看郁金香上，有许多人甚至放弃了原来的工作。这种狂热，遍及荷兰的每一片土地上。

1636 年，一枝郁金香已经可以等同于一辆马车，甚至几匹马的价值。到了 1637 年，其价值已经达到了最高值，这种现象着实令人吃惊。

后来，由于人们对郁金香的热情降低，以及整体经济不景气，郁金香的价格开始狂跌。由此，荷兰的经济陷入了低迷状态，有很多曾依靠销售郁金香暴富的企业，瞬间面临倒闭的危险。

荷兰国家经济的萧条，正是因为他们对于眼前利益的贪婪，从而失去了理性判断。很多年之后，荷兰的经济才有所起色，得以恢复。

这样的情况在日本也曾发生过。在 20 世纪 80 年代后期，日本的股票和土地市值瞬间暴涨，甚至超过了当时被称为“经济大国”的美国。

这让很多投机分子眼红，他们开始炒股、炒地，一些曾经以“务实”著称的企业家也想趁机捞一笔。于是，日本民众瞬间疯狂起来。后来，当他们还沉醉其中的时候，繁荣的市场顿时崩塌了，大家手中的财富变成了“泡沫”。一切就像一场梦一样，财富转眼间成了过眼云烟。

因此，无论处于何种境地，都应当保持一颗清醒的大脑，理智地判断是与非，做出一个正确选择，不让自己后悔。

做事情难免遇到坎坷，有什么风吹草动也是再正常不过的事情。如果想长期保持稳健发展，一定要保持警惕，不让骄傲自大的想法替代理性思考。

第12章 不寂寞

自我的力量觉醒让你变得更强大

人的脆弱和坚强都超乎了自己的想象。有时，脆弱得因为一句话就泪流满面，有时也可以咬着牙走过很长的路。孤独，是一个很强大的对手。做人要耐得住寂寞，经得起诱惑。

时刻保持空杯归零心态

有些人只相信他们能理解的东西，有些人则对人类认识世界的能力抱持怀疑态度，这些人并不适合这个时代。

事物发展都是有规律的，都有周期性变化，一个人的某次成功往往成为身后的障碍，事物的发展变化也遵循这样的定律，失败往往是因为它曾经的成功。

在爱车族的心中，底特律是一块圣地，因为它是通用、戴姆勒·克莱斯勒、福特三大汽车巨头的总部所在地，在美国汽车工业复苏的20世纪的八九十年代，底特律也的确度过了其发展的黄金时代，演绎了辉煌的历史。

但到了20世纪末，面对丰田、本田等日系车企的步步紧逼，通用、戴姆勒·克莱斯勒、福特三大汽车巨头“船大难掉头”，全部陷入亏损和裁员的泥潭。过去的一切辉煌都成了绊脚石。大批的工人失去工作岗位后，又给底特律带来了相当严重的社会问题，这里一度成为全美最不安全、犯罪率最高的城市。后来，虽然底特律的治安有所改善，但很多美国人对这个过于工业化的城市仍然很不“感冒”。

为什么会出现这样的情况呢？简单地说，底特律被自己的辉煌束缚住了，在汽车业达到顶峰时，底特律形成了一个特别单调的产业环境，而这无疑是今天这个畸形城市走向衰败的导火索。底特律市区面积352平方公里，人口100多万，其中接近九成的人都在为汽车工业服务。

底特律的汽车工业文化虽然名贯全球，但其实只是代表美国汽车工业的辉煌过去，并不能代表全球汽车工业的未来。如果不能把过去的辉煌“归零”，那么等待底特律的恐怕只有厄运。

毋庸置疑，保持“归零”的心态对一个人的成长很重要。如果你无法“归零”，你就无法站在新的高度看待问题，也就无法找到自己的落脚点，努力的结果只能事倍功半。有人问球王贝利哪一个进球是最精彩、最漂亮的，他的回答永远是“下一个”！冠冕，是暂时的光辉，是永久的束缚。一个人只有摆脱了历史的束缚，才能不断地迈步向前。

成功仅仅代表过去，如果一个人沉迷于以往成功的回忆，那他就再也不会进步。对于有远大志向的追求者来说，成功永远在下一次。保持“归零”心态，才能不断发展创造新的辉煌。

精英们面临的绝境通常要难于普通人，就是因为这个“归零”的关口难以逾越。对于纵横职场的精英来说，除了比技术比能力外，更重要的是比心态。

当猎头找上你的时候，是因为你的经验、能力、业绩以及业界的口碑；当新东家对你寄予厚望时，还是因为你过去的经验、能力、业绩以及业界的口碑。但是，如果过于看重“过去”，“辉煌”也就成了包袱；新的环境不太欢迎对过去成功经验的完整复制，更需要新元素的填充。

在创业的人群中流传着这样一段话：如果一个人没有倾国倾城的外表，也没有渊博的学识，更没有阔家子弟的根基，那么这个人要想创业，就必定要有一个良好的心态。创业，就代表着需要面对无数次坎坷，承受各种打击后一次次不断地战胜自己，这都需要具备良好的心理素质。

做任何事情都是与自己斗争的一个过程，只有敢于在每次失败中总结经验，再把心态归零，从头再来，做到即使100次摔倒也要101次爬起来，才能获得成功！

萧伯纳说过：“人生的悲剧在于没有梦想和梦想实现。”没有梦想固然可悲，却远不如实现梦想之后的自满更能毁灭人的才能。因此，敢于在万丈光芒中转身归于平淡，这样的抉择的确让人佩服！

精彩的人生平凡却不平庸

平凡的出身并非阻挡人们成功的障碍，而是激励人们克服困难、坚持看上去几乎不可能实现的梦想的动力。

几乎每个人小时候都有改变世界的梦想，但是绝大部分人是在喜怒哀乐中度过自己平凡的一生。其实，平凡是人生的常态，大千世界里的芸芸众生，为人类的发展做出杰出贡献、彪炳史册的是少数人，大奸大恶、遗臭万年的也是少数人。

大多数人在生活中扮演着平凡的角色，在平凡的岗位上做着平凡的工作，面临着升学、就业、恋爱、婚姻等平凡的问题，感受着人间百态。但是，平凡并不等于平庸，我们可以平凡，但是一定要拒绝平庸。

那么何以区别平凡和平庸呢？平凡的人，可以没有过人的才华，可以默默无闻，但是不能没有生活的目标，不能没有理想和追求。你可以没有耀眼的成就，但是这不能成为碌碌无为的理由。

平凡和平庸有共同点，也有差异。共同点在于两者都是平平常常、普普通通，差异在于平凡指的是人们拥有一颗平常心，在普通的岗位上勤勤恳恳地生活和工作，而平庸指的是一个人消极颓废，没有追求，整日无所事事，生活没有追求。

凯恩是一个毫不起眼的理发师，他的理发店也在街角最不起眼的地方。跟那些装修豪华的美发店一比，他的理发店显得非常寒酸。但是，凯恩的理发店生意极好，原因就在于这里有一位出色的理发师，总能根据顾客自身的特点剪出最好的效果。不仅如此，顾客还会向家人和朋友推荐这家理发店，因此这里生意兴隆。

后来，凯恩收了一批小学徒，在每次传授技艺的时候，他总会说：

“记住，每一剪刀下去都要负责任。虽然我们做的不是什么伟大的工作，但是一定要把它做好。”这也是凯恩正式做学徒的时候，从老师那里得到的教诲。

有一位顾客来店里剪发，凯恩告诉他大概需要40分钟的时间，但是剪到30分钟的时候，这位顾客突然接了一个电话，需要马上离开。凯恩坚持必须要把头发剪完才能走，否则会影响整体的效果。客人当时非常生气，但是又拗不过凯恩，只得把头发剪好了之后才离开。

半年之后，那位顾客又来了，他对凯恩说：“上次因为在你这里剪头耽误了生意，所以我发誓以后再也不来这里剪头发了。但是后来发现其他店剪出来的效果都没有你这里好。现在我和我周围的人都只认你这一家理发店。”

虽然工作平凡无奇，但是要把它做好。平凡人不一定要有惊天动地的壮举，但是我们完全可以在平凡的岗位上朝着理想的方向奋进，展示人生的精彩。

所有的不平凡都来自平凡，把每件小事做好本身就不简单。工作中，不要轻视平凡，也不要把平凡的工作做得平庸。每个人都不要满足于“还可以”的工作状态，要做到更好，成为一颗不可或缺的“螺丝钉”。

平庸和卓越往往只有一线之隔，如果你在平凡中日复一日，做一天和尚撞一天钟，即为平庸；如果你在平凡中开拓进取，不断创新，即为卓越。没有人注定平凡，也没有人注定卓越，所有的一切只在于面对生活的态度。积极乐观让人从平凡变得卓越，而消极萎靡让人从卓越变得平庸。如果没有自己独立的思想，没有自己的计划和目标，逃避应该承担的责任，那么最终将沦为平庸。

平凡的人是那些没有过高的、不切合实际的理想，却认真生活的人，这样的人才会将平淡的日子过得异常精彩。

首先，保持乐观的态度。要将人生视为一个不断奋斗的过程，要承担得起成功，也要经受得住失败，用宽容的胸怀善待周围的一切人和事。

如果你能做到将复杂的事简单做，简单的事重复做，重复的事快乐做，快乐的事用心做，那么你一定能够拥有精彩的人生。

其次，学会坚持。生活中，我们经常头疼，为什么很多事情明明自己很想坚持下去，但是经过一段时间之后就放弃了。原因很简单，就是没有坚强的意志力，而意志力是拥有精彩人生的基础。

再次，避免急功近利的心态。聚沙才能成塔，集腋才能成裘，所有的成就都是一点一滴的积累，要看到自己每天的变化，方能成就美满。

克制内心强烈的表现欲

一个人是否谦逊，取决于他对自己的认识与自我努力相结合的程度。

人们身上的各种傲气是无法数尽的。有的人会因年轻担任要职而变得孤傲，有的人会因为背景强硬而桀骜不驯，有的人会因为见多识广而颐指气使，有的人会因为巨额财富而目空一切……似乎不被人激赏，他们就内心空虚、落寞。

其实，自信、有为是好事，但是过分地自我感觉良好实际上是一种无知，很可能导致名誉扫地；才高也是好事，但如果处处显摆、自以为是就会伤人伤己，不受人欢迎；权重也是好事，但如果骄傲自大，盛气凌人，远离群众，则惹人厌烦。所以，无论何时何地，都应该谦逊低调，放低姿态做人。

小池塘里有三只青蛙，它们一直过得很快乐。一天，闲来无事，三只青蛙决定比赛看看谁跳得最高。经过一番比赛，其中一只青蛙获得胜利，它当然非常自豪。另外两只青蛙不服气，于是建议再比潜水，结果仍然是那只青蛙获胜。

两次得胜，那只青蛙不禁骄傲起来，它不但看不起两个同伴，而且认为天底下没有谁能比自己更厉害，自己是最了不起的！

正当那只青蛙飘飘然之时，一头健壮的公牛来到池塘边喝水。相比于小小的青蛙，那头公牛简直就是一个庞然大物。于是，另外两只青蛙自然称赞起了公牛的庞大，可是那只骄傲起来的青蛙此时已经达到了目空一切的地步，对同伴的称赞很不服气，便深吸一口气，使劲撑起了肚皮。

“现在怎么样，我比那只公牛大吗？”骄傲的青蛙的确是大了一点，但相比公牛仍然小得可怜。结果，它受到了两位同伴无情的嘲笑。

“哈哈，就你这样还想跟公牛比大？还是省省吧！”听到这里，骄傲的青蛙变得恼怒起来，它再次深吸一口气，肚皮又大了一点。但是，换回的仍是同伴不客气的嘲笑。

当骄傲的青蛙第三次撑起肚皮时，肚子已经大到不能再大了。喝完水的公牛看见这只肚皮鼓鼓的青蛙，感到新奇，于是一脚踩上去。“砰！”大肚青蛙一下子丢了性命。

人不可有傲气，但不能无傲骨。懂得尊重别人，保持谦逊的姿态，才能进步。有傲气的人，往往自命不凡、自以为是，总是把自己摆在高高在上的位置而目中无人，不屑于与弱小的人交往，所以这样的人注定要与失败相守一生。所以，傲气是成功的大敌，是与他人交往的致命伤。如果我们能够摆脱自我偏见，在与人相处的过程中谦逊一点、简单一点，那么人生将会迎来不同的风景。

英国大文豪萧伯纳从小就很聪明，且言语幽默，机灵善辩。但是，他年轻时自恃口才了得，知识丰富，神态盛气凌人，言语尖酸刻薄。凡是跟他有过交流的人，对他的知识和口才都非常佩服，但是对他的言行举止、行为作风却很不以为然。时间一长，跟他交往的人便越来越少，人人对他都避而远之。

后来，一个长辈看不过去，私下对萧伯纳说：“你说话幽默，言辞风趣，常常会让人喜笑颜开，这是优点。但是大家觉得，如果你不在场，他们会更快乐，更轻松。因为别人都觉得比不上你，而且你有一贯喜欢讽刺别人的缺点，有你在，大家都不敢轻易开口，怕在你跟前丢丑。你的知识、口才确实比他们高明，但时间一长，你的那些朋友都将弃你而去。你有没有仔细地想过，那会是什么样的后果？”

这番话让萧伯纳幡然醒悟，他开始明白，如果不彻底改变以前的行为作风，整个社会都将不再接纳他，又何止是失去朋友这么简单呢？所以他下决心，从此再也不讲尖酸刻薄的话了，对人低调谦和，即使对方有什么错误需要纠正也言语委婉，态度诚恳，把能力发挥在擅长的文学上。这为他后来在文坛上的地位奠定了基础。萧伯纳谦和低调的为人受到了众人的欢迎，赢得了世人的尊重。

水总是往下流，处在众人轻视的地方，注入最卑微之处，站在卑下的地方去支持一切，与天道一样恩泽万物。所以，水没有形状。在圆形的器皿中，它是圆形；放入方形的容器，则是方形。做人可以豪气万千，但绝不能傲气半分，纵然有超人的才识，也要虚怀若谷。

不过分奢求才有长久的幸福

不要求得到任何人的恩惠，只要求将自己的幸福和他人一起分享，财富就来自那些因分享自己的幸福而受益的人。

外在的各种东西，有时是必需的，有时也会成为一种负担。当我们感觉身心疲惫的时候，就要尝试着做减法，放弃此前的加法。

小小凡心承载不了太多忧伤和拖累，那么就选择放弃和忘记吧。放弃不必要的奢求与负荷，身心就会变得轻灵；忘记不属于自己的人和事，内心便获得了安静。

抛开外在的物欲，离不开日积月累的内在修养，这其实是一个人重新认识自己、找回内心真正需要的过程。做到了这一点，个人就可以超越物欲，与自然虚静之道相通。

无所求的人没有过多的欲望，默默努力，反而容易成功，满脑子只想着追求“成功”的人得失心太重，因此难以静下心来，也缺乏脚踏实地的耐心，许多机会也就因此错过了！也许，世人称羡的名利、富贵都需要机缘。既然机缘无法掌控，我们又何必为此患得患失呢？

汤普森急救中心，是英国伦敦一家著名的医院。在医院的大楼上，刻着一句话：你的身躯很庞大，但你的生命所需要的仅仅是一颗心脏。

这句话出自美国好莱坞影星利奥·罗斯顿。1936年，他在英国演出时紧急住院，病因是心肌衰竭，缘于身体过分肥胖。尽管想尽了各种办法，但是医生还是没能挽救他的性命。临终时，利奥·罗斯顿说出了上面那段话，医院为了提醒后人，决定把它刻在大楼上。

后来，美国石油大亨默尔也住进了这家医院，起因也是心肌衰竭。这位商人整天忙于生意，结果把自己身体搞垮了。还好，在医院治疗了一个月，默尔顺利出院了。接着，他卖掉了公司，到苏格兰的乡下别墅安度晚年。

1998年，默尔参加了汤普森医院的百年庆典。当时，有人问：“为什么要卖掉公司，过农夫一样的生活？”他指着大楼上的那句话说：“巨富和肥胖并没有什么两样，不过是获得超过自己需要的东西罢了。”

身体长出多余的脂肪和肉，而它们并不是人体必需的；存折上有巨额财富，而他们远远超出了自己生活的需要。这些都是生命中的负担，会耗费我们的时间、精力。因此，不妨减轻不必要的负担，轻装前进，会增加许多快乐。

生活已经够艰辛了，我们何苦为了不必要的自尊而跟自己过不去呢？放下过多的、不必要的负担，人生会很轻松。

其实，人的一生中真正长久的幸福源于你对生活坦然地接受，源于你的心无杂念，源于你的顺其自然，源于你的无所奢求。就像一条安静的小河一样，没有那么多的波澜壮阔；就像一个天高云淡的日子一样，没有那么多的狂风暴雨；就像一座小山一样，没有崇山峻岭，然而这些给你的感觉却是那样的亲切与轻松。

这个世界太复杂，有时候亦真亦假亦幻，令人不能真正看透它的本质，从而难以取舍。身边的人也是形形色色，他们的不同评价以及不同做法无形之中会影响到你。最重要的是，你能不能平静下来思索并接受生命中的一切。以一颗无求之心对待生活，自然能从生活中感受到无穷的妙趣。

有主见的人始终保持定力

养成为达成一个目标而专注做事的习惯，这样你会逐渐成为这个领域的典范。

小泽征尔是一个著名的音乐指挥家，也是非常有主见的艺术家。在一次音乐指挥家大赛中，他按照评委会给他的乐谱指挥演奏时，发现有几处不和谐的地方。开始，他以为乐队演奏错了，便停下来重奏，结果依然如故。

这时，在场的作曲家和评委郑重申明：乐谱没有问题。面对几百位权威人士，小泽征尔思考片刻，大吼一声："不，一定是乐谱错了！"话音刚落，评判席上立即响起了热烈的掌声。

原来，这是评委精心设计的一个"圈套"。他们故意用有错的乐谱来检验指挥家在发现错误并遭到权威人士否定时，能否坚持自己的正确判断。前两名参赛者就因为盲从权威而被淘汰了。小泽征尔终于获得了大赛的桂冠。

从艺术上讲，由于小泽征尔精通音乐，技艺高超，才能发现乐谱上的毛病。而从为人处世的人格上分析，他的成功也归功于本身所具有的"主见"，并且坚信不疑。从某种意义上说，这种大赛是对音乐指挥家艺术与人格的全方位检验，而小泽征尔的夺冠，既是艺术上的成功，也是人格上的胜利。

有一位智者经常告诉他的学生："你们到我这里来不是为了发财致富，而是为了思考并学会思考！"他还鼓励学生："我们每个人都应该具有一双批判的眼睛，把问题看得透彻些。"这位智者认为，学会批判性地思考，就要有自己的主见，不迷信权威，关键时刻敢于对权威提出质疑。

所谓的批判性思考是：对一切事物采取不轻信、不盲从、不屈服、不武断、不骄傲、不刻板、不保守的态度，能够透析事物的合理与不合理之处，从而建立自己的思想观点。可见，批判性思考有利于人们形成自己的主见。

能够进行批判性思考的人，一般都是有主见的人，这样的人不会盲目相信权威、专家，也不会盲从、附和既定的道德伦理、风俗禁忌。有主见的人会注意到思想的相关性、逻辑性、清晰性、具体性、完整性和公开性。他们对信息、知识常常会抱有怀疑的态度，也会本着求真务实、探求真理的作风发现并分析问题，从而做出理性的判断和选择。在科学界，那些有主见、不迷信权威的人才能取得令人惊艳的成就。

在美国，学校一般从小学入学开始就逐渐培养学生的批判性思考能力，起初一般都是程度较浅的思考，而到了小学高年级之后，就要求学生用批判性思考的技巧来分析实际问题了，例如历史与社会方面的种种问题。一般拥有独立思考的学生不会盲从、迷信老师和专家，也不会人云亦云，对于媒体或者书本上的信息会抱着怀疑的态度接纳。

当然，有主见、独立思考并不是处处与别人作对、处处唱反调；或者为反对而反对，进行盲目批判。有主见，是将独立分析和理性思考作为思维的"过滤网"，汲取精华。有主见，面对权威并不是盲目地全盘接受，而是学会"过滤"，然后虚心地汲取，最后"顿悟"出自己的思想。

爱因斯坦说："应该把独立思考和综合判断的能力放在首位，而非获得特定知识的能力。"独立思考是一种独特的认知技能，是一种反思的能力。独立思考、有主见的人，不会盲从附和、盲目相信权威，他们知道如何发现和分析问题，进而做出理性的判断及选择，并能得出经得住考验的结论。

去拥抱世界，也别忘了回家

有时你会突然回想起某些事情，是因为你的潜意识正在促使你采取行动。

情侣之间最美好的愿望是一起白头偕老，希望可以陪伴彼此到生命的最后。然而，很多人却在山盟海誓后分道扬镳，甚至老死不相往来，这种遗憾令人无奈。

“遇见你时，我从未想过你会离开。多年来，谢谢你默默地带给我许多关怀，任我耍赖任性都不离不弃。希望你此生此世陪着我，不离开。”这种情话，这种状态，是每一对情侣所向往和期盼的，但是又有多少人坚持到最后？

真正的爱情不需要多么动人的告白，长长久久的陪伴最可靠，也最令人期盼。在两个人的世界里，不必过分追求华而不实的东西，能够从平淡而长久的陪伴中感受到那份美好，自然能获得幸福。

有一对老夫妇经常争吵，在孩子眼里，他们之间不会存在爱情，只是没有办法才凑合在一起。可能他们也感觉到了，彼此之间更多的是亲情，而非爱情。

虽然上了年纪，争吵却没有减少，甚至比以前更多了。有一次，丈夫大发脾气，吵着与妻子离婚。无奈之下，孩子只好把妈妈接走，让两个人分开一段时间。

没想到，妻子离开了半个月，丈夫就打来电话，让孩子把老伴送回去，说家里太乱了，已经没法正常生活下去了。

孩子没有立即让妈妈回去，又过了半个月，老太太自己也待不住了，吵着要回家。原来，她担心丈夫一个人在家吃不好，睡不好。

两个人重新生活在一起，照旧争吵，只是没有以前那么厉害了。显然，他们都收敛了很多。后来，妻子生病住院了，全家人都很担心。第二天，丈夫就到医院陪伴妻子了。就这样，他每天照顾妻子的饮食起居，陪她聊天、唱歌，再也听不到争吵声了。

这对老夫妻比谁都明白，他们其实是在用吵架的方式陪伴着彼此，两个人谁也离不开谁。他们用一辈子的陪伴诠释了爱情的真正内涵和模样。

真正的爱情是埋藏在心底的，无须时刻表露出来。或欢喜，或忧伤，这种情绪在极其细腻的感情里，只需一个眼神来传递，或者靠一个动作来配合。最重要的是，彼此能互相陪伴，不离不弃。

这个世界上，有太多事物是彼此依恋，分不开的。彼此间相互依靠，敬畏又烘托着，你不能失去我，我也不能缺少你。两个人相处久了，总会有摩擦和碰撞，感情总会遭到各种事情的考验。但是，只要有实实在在的陪伴，内心那分安宁就永远不会失去。

陪伴是最长情的告白。即使在一起的日子有争吵，有矛盾，但是吵不走、打不散才是爱情的真谛。只要学会控制自己的情绪，有一颗不抛弃、不放弃的心，能够在关键时刻照顾对方的感受，那份爱就永远不会散去。

当对方不开心的时候，当对方需要关爱的时候，只要你留在身旁，陪伴左右，任何风雨都无法让内心失去希望。真正的爱是有一个人永远在身边，不离不弃。

如果有人陪伴，永远也不会觉得孤单。虽然你不曾经常向对方告白，但是那种坚守能说明一切。陪伴，是给爱人最长情而又动听的告白。如果喜欢一个人，就努力陪伴在对方身边，好好珍惜。

第13章 不纠结

放宽心，愿你在这一刻能随心而活

经历了风风雨雨，看惯了日出日落，直到站在静美的大自然面前，才突然领悟到什么是快乐。潇洒的人生应该是进也安然，退也淡定。守住属于自己的平淡的生活，你就是一个幸福的人。

想清楚自己到底需要什么

优柔寡断让许多人面临不幸，它会使人对一些事情失望，然后把惩罚强加在自己身上。

欲望是人的本性，也是社会前进的动力。但是，欲望这头猛兽常常令人难以把握，不是不及，便是过之，于是产生了太多的悲剧：有人越是要获得越是一无所获，有人终于获得了却大受其害。想清楚自己到底需要什么，才能活得明白，减少无谓的烦恼。

很多人都希望自己能过上富有、奢华的生活，然而当他们真的拥有了这一切时，却又发现自己并没有想象中的快乐……

生活中，羡慕别人有无尽的风光和色彩，羡慕别人拥有的财富和名利，但是等他们拥有了原来自己所渴望的东西，却没有了预期的喜悦，反而茫然若失。很多时候，我们得到了金钱，却失去了自己，无法弄清自己真正需要的是什么。因为人的自私和虚伪在作祟，在日益繁多的物质面前，不去考虑什么是自己需要的，什么是自己不需要的，注定无法掌控未来。

或许只是习惯地或者本能地追求它们，最后不管是什么结果，或得到，或没有得到，无一例外的是，我们失去了自己最宝贵的东西，最终迷失了自己。

道理非常简单，就是大部分人都想不明白自己需要的是什么。许多世界首富把大笔钱财用于慈善事业，没有成为财富的奴隶。他们并不是为了金钱工作，而是为了帮助更多的人，让人生变得更有价值。从这个角度来说，他们知道自己的终极追求并不是财富。所以，知道自己真正想要的是什么，生命才会变得更有价值。

人生在世，要面对太多自己喜欢的东西，而且看见的东西越多，喜欢的东西也就越多，想得到的也就随之多了起来。前面永远会有无穷无尽的新诱惑在吸引着你，但是生活能给予人的东西毕竟有限。所以，认识自己是非常必要的，如果你不知道自己真正需要什么，那么所谓的追求也就没有任何效果和意义。

其实，认识自己，了解自己需要什么，并不是让你超然物外，而是为自己量身定做一个目标，这个目标必须符合自己的心意，并且符合道德规范，而且是切实可行的。这样做不仅能给你的人生一个定位，精准地朝着自己追求的方向努力，还可以少走弯路。同时，认识自己还能净化心灵，某些东西得不到的时候不必疯狂，不必为失去而难过，因为那不是你真正想要的，失去了并不可惜。

可能有人会说：“我这一生的追求就是名利，而且为了得到它们可以不惜一切，比如可以抛弃道德和良心。”一个人能为了名利舍弃最基本的人格，那就失去了尊严，失去了人生的意义。

虽然金钱是生存必需的条件，努力创造财富会让我们的生活变得更加美好，但人不能成为金钱的奴隶，不能只为了钱活着。有了这种正确、健康的心态，就不会被金钱迷惑，生活也会因此少一些阴霾，多一些阳光。

其实，我们身边的很多人都有一种感觉，长期生活在都市中，厌倦了充满诱惑的灯红酒绿，希望回归自然，到乡野生活，那里有清新的空气，有宽阔的田野、朴素的乡亲。在心灵深处，很多人真正想要的东西，其实很简单。

当你真切地感受到自己想要的东西后，就会摒弃浮躁，积极地朝着既定的目标努力，不会追求一些自己并不需要的东西。那样，你的时间和精力才能更好地利用起来，不会浪费在一些并不需要的事情上，从而有助于专注地做好分内之事。人生毕竟是短暂的，人世间的很多东西没有尽头，如果你看到什么就追求什么，往往顾此失彼，目标散乱往往导致什么也得不到。

所以，不管从哪个方面来说，了解自己真正需要什么反而更容易达成所愿，因为他们不会像苍蝇一样到处乱撞，而是沿着既定的方向前行。真正了解自己的内心，这样既充实，也快乐，最后也会收获最多。

“不完美”才美

生命是无止境的，不能仅以年龄去衡量；有些人在瞬间过了一生，有些人则在朝夕之间突然衰老。

这个世界从来都充满遗憾，许多时候，一切完美的事物大多是人们主观思想的臆测。对此，德国著名诗人歌德曾经说过：“十全十美是上天的尺度，而要实现十全十美这种愿望，则是人类的尺度。”

从一定程度来说，追求完美是有上进心的表现，属于一种优秀的品质，但过犹不及，如果因此患上完美主义强迫症就不明智了。一般来说，完美主义者的个性都十分好强，长此以往很可能会造成精神上的巨大压力，从而引发各种心理障碍。他们渴望自己的生活是完美无缺的，所以无法接受生活的小瑕疵，哪怕是一丝小小的不如意。

完美主义者最常见的表现是烦躁、极端、死板，他们在不知不觉中被坏情绪绑架，整天都因鸡毛蒜皮的小事而烦恼，哪怕是衣服的纽扣丢了一颗也会感到烦躁不安，很久前犯的小错也无法忘记，总觉着这是不可原谅的过失……实际上，这些忧虑毫无意义。

其实，磕磕绊绊、起起伏伏才是生活，只有学会接受自身的缺点，淡然看待生活中的各种不完美，才能摆脱坏情绪，从而拥有积极的生活态度。

“如果已经走过的那段人生只是一个草稿，有一次誊写，该有多好”，无数人想象过这种场景，也奢望能有一次重新来过的机会。

有一个年轻人名叫伊凡，请求上帝让自己体验一下这种人生。看到伊凡执着的样子，上帝决定让他在寻找伴侣这件事上试一试。

到了结婚的年龄，伊凡遇到了一位漂亮的姑娘，对方也倾心于他。随后，伊凡高兴地与这个姑娘结成了夫妻。然而，婚后的日子并不是想象的那般美好。伊凡发觉姑娘虽然很漂亮，但是不会说话，办事也笨手笨脚，两个人始终无法进行心灵上的沟通。于是，他第一次把这段婚姻作为草稿抹掉了。

第二个结婚对象不仅漂亮，还聪明能干，满足了伊凡对完美婚姻的想象。可是没多久，他发现这个女人脾气很坏，个性极强。原有的聪明成了讽刺伊凡的本钱，能干成了捉弄伊凡的手段。两个人在一起，伊凡不是丈夫，倒像她的牛马、器具。最后，伊凡无法忍受这种折磨，祈求上帝准备第三段婚姻，上帝微笑着答应了。

第三个妻子不但具备了前两任妻子的优点，还有好脾气。婚后，两人非常恩爱，日子过得很幸福。半年后，妻子突然患上重病，卧床不起，原有的美貌很快不见了，一副憔悴的表情。

维纳斯虽然断臂了，但是却成了举世闻名的艺术作品。也有艺术家尝试着复原她的双臂，结果从来没有成功过。真正完美的事物是根本不存在的，过于苛求就是和现实过不去，给自己找麻烦。

每个人都会有完美的幻想，不同的是，一部分人认识到完美是根本不存在的现实，而另一部分人则成为完美幻想的奴隶，并被其绑架而整天烦闷不堪。实际上，我们会成为怎样的人，完全取决于自己的内心，如果一直在不完美的现实中追求完美，那无异于缘木求鱼，自寻烦恼。

如果人生处处完美，那么生活又有什么乐趣可言？不完美正是生活的精彩之处，因为不尽如人意所以才会孜孜以求，力图做到更好；因为不完美，所以才有了完整与残缺的对比，从而更加珍惜生活中的美好。世界上没有绝对的好与坏，过度的苛求只能带来消极的不良情绪，正确面对残缺才是最为明智的生活态度。

学会换一个角度，换一种心情欣赏不完美，生活会更加有趣。不要因为自己的缺点而自卑或去羡慕别人，其实别人也有不为人知的缺点与遗憾。

坦然面对不可挽回的东西

时间一路前行，我们没有能力留住那些令人遗憾的东西。

生活中，总有一些人不得不离我们而去，总有一些东西不得不失去。坦然面对不可挽回的东西，学会释怀，才能求得心理平衡。由此看来，“释怀”是一种修养，一种境界，也是一种智慧。

学会释怀，才能求得洒脱。人生像是一次长途跋涉，不停地行走，沿途有些事也许并不尽如人意，也许会历经许多坎坷，但是用一颗理智的心选择洒脱，选择心灵的释怀，便会拥有克服各种困难的勇气与信心。

为了内心的平静，请保持一颗宽恕、释怀之心。如果把过去发生的事都牢记心上，就会给自己增加很多额外的负担。过去的事已经发生了，时光不可倒流，不必耿耿于怀。一路走来一路忘记，永远保持轻装上阵，心才不累。

布洛和约瑟芬是一对男女朋友，他们经历了无数不愉快的往事，终于在茫茫的人海中找到彼此。不久，两个人结婚了，心中的幸福和感激无法言喻。

一天傍晚，布洛下班路过菜市场，顺便买了一条鱼，准备回去做晚餐。然而在回家的路上，他突然看见约瑟芬和一个男人在咖啡馆里，好像很亲密的样子。顿时，布洛立刻变得心情很糟。

联想到约瑟芬这个月总是回来很晚，布洛更加忧心忡忡了。后来，约瑟芬回到家，布洛生气地问：“这段时间你总是很晚才回来，很忙吗？”

约瑟芬笑着说：“是啊，公司正好有个项目，这个月底必须完成。”

布洛不耐烦地说：“是吗？今天我看见你在咖啡馆，是不是有事瞒着我呢？”说话的时候，布洛的声调拖得很长，显然不相信对方的话。

这时，约瑟芬感觉到布洛可能误会自己了，便说：“哦，下班时碰到一个老朋友，就陪他聊了几句。”

布洛终于忍不住了，大声喊着：“是这么回事吗？我看不是一般的老朋友吧！难道是老情人？既然你现在还忘不了，干吗不回到他身边去？”

听到这些话，约瑟芬彻底愣住了，心里顿时非常不满：“你在胡说什么？不管以前我和谁曾经交往过，都已经成了过去。你不仅侮辱了我，侮辱了我们的爱情，还侮辱了你自己，我对你太失望了。”说完，约瑟芬摔门而去。

随后，布洛懊恼地往沙发上一坐，又气愤又后悔。他也知道，约瑟芬和那个“前任”早已成为过去，然而看到两个人在一起的样子，他就隐隐作痛，忍不住忌妒得发狂。他知道，是自己放不开，对约瑟芬的过去不能释怀。

其实，人间的许多烦恼都是自找的。有些人刻意追求完美、处处苛求而痛苦不堪；有些人对自己犯下的错误无法释怀，对别人犯下的错误不肯原谅，陷于痛苦恼怒难以自拔。这些烦恼让他们远离了人群，处于孤独之中。

也许现实并不尽如人意，成长的道路上布满荆棘。但是用一颗理智的心选择洒脱，选择心灵的释怀，便有了披荆斩棘的勇气与信心。

学会释怀，可以让自己活得轻松一些。在学会释放一种心情后，就会觉得有一种豁然开朗。如果总是想着一些不曾忘却的事情，就会“钻牛角尖”，最终无法自拔。

当你学会了释怀，心就变得轻松，无论是面对朋友还是仇人，你都能够报以甜美真诚的微笑。相反，如果始终不能忘记怨恨，这种做法其实是害了别人，也苦了自己。只有忘记那些不愉快，放下了责怪和怨恨的包袱，学会释怀，才能有更多的快乐。

为了你自己，为了快乐，为了内心的平静，为了光明的未来，请一直保持一颗宽恕、释怀之心，这样你将获得更多。学会释怀是一种达观，一种洒脱，一份人生的成熟，一份人情的练达。

理解和包容你身边的人

群体中的人数越多，越容易为人所操纵，因为较大的群体更容易对一个人产生崇拜和同情，并且也更容易进入飘飘欲仙的忘我状态。

苏格兰历史学家卡莱尔说：“一个伟大的人，以他待小人物的方式，来表达他的伟大。”宽容是一种修养，是一种人人都需要的气度。生活中，总会有一些意想不到的情况发生，宽容就是面对各种磨难的时候应有的一种潇洒。

宽容是一种境界，一种风格。它是春风，所到之处鲜花盛开；它是阳光，亲切，明亮，带给人间无数温暖。谁能拒绝阳光呢？对每个人来说，如果在日常生活中不具备包容的胸襟，不但会伤害他人，也会给自己带来伤害。

青年时代，林肯曾在印第安纳州的鸽溪谷定居。当时他年轻气盛，总是喜欢当面指责别人，甚至还经常写诗嘲讽对手。他经常把写好的东西扔在别人必经之路上，这种对他人造成的伤害往往令人终生难忘。

1842 年，林肯在伊利诺伊州的春田镇挂牌做了律师。此时，他经常在报纸上发表文稿，公开攻击那些与之为敌的人。

这一年的秋天，林肯讥笑一位自大、好斗的爱尔兰政客——希尔兹。在当地的报纸上，林肯刊登出一封匿名信来大肆嘲讽希尔兹，使得全镇的人哄然大笑。希尔兹平日里骄傲敏感，哪里能受得了这样的侮辱。他马上查出是谁写了这封信，当即跳上马找到林肯，并要与他决一死战。

显然，林肯平时不愿打架，更反对这种真刀真枪的决斗，可是为了保全面子还是答应下来。希尔兹让林肯选用一种武器，由于手臂特别长，再加上曾与一位西点军校的毕业生学习过刀术，林肯便选用了马队用的大刀。

在指定日期内，两个人约在密西西比河的河滩上准备决斗。这时，朋友们匆忙赶来，经过一番劝说，才使得两人最终放弃了这场厮杀。

经历了这件事，原本口无遮拦的林肯似乎清醒了许多。他没想到自己的嘲讽竟然招致了这么严重的后果，而这件事也给了他一个极其宝贵的教训。他永远不再写凌辱人的文章了，永远不再讥笑他人了。也是从这个时候起，林肯几乎不再为任何事批评他人。

宽容是一种美德。能够宽容别人的人，可以和任何人融洽相处，赢得更多朋友和友谊。在一个复杂的社会中，能够做到宽以待人，能有效减少不必要的摩擦和误解，消除隔阂与分歧。

由于各种原因，每个人的修养与利益诉求不一样，所以在交往中难免发生矛盾和误会，包容他人的缺点，而非斤斤计较，自然会成为最有魅力的人，也会给你带来更多收益。更重要的是，如果你想从友谊中获得快乐，更需要有一颗包容的人，容忍他人的缺陷与不足。

学会包容和宽恕,你就会得到一种无限的力量。计较的人生没有快乐，也不会有安宁的生活。包容一切，内心才会变得波澜不惊。

遇事有主见才会不失分寸

只有对成功的欲望，却不敢冒险，伟大目标早晚会成蹉跎；渴望成功但又怕担风险，往往会在关键时刻失去良机。

偏见就好像一堵墙，那些带有偏见的人只看到了墙，看不到墙那边的土地、鲜花与河水，而且固执地到处宣扬：“墙那边不可能有花朵和河流！”心性宽厚的人有长远的眼光，通达的智慧，所以及时避免了偏见的危害。在他们眼里，到处都是美丽的风景，满眼都是希望和别人的笑脸。

哈兹立特说：“偏见是无知的孩子。”的确如此，人一旦有了偏见，就会失去公正客观的评价，脱离了原来的基本事实。而且，整天抱着偏见的人不会有太大的进步，更不会获得成功。生活中的大多数人都或多或少抱有偏见心理，甚至连哈佛大学的校长也不例外。

一对穿着朴素的夫妇专程从外地赶到哈佛大学，他们此行的目的是想见一见这所著名大学的校长。

校长的秘书看到老夫人穿着一套褪色的条纹棉布衣服，而老头则穿着布制的便宜西装，便轻看了对方。秘书问这对夫妇：“你们预约了吗？”

这对夫妇有些底气不足，说道：“没有预约。”

秘书想早点把他们打发走，接着说：“校长全天都很忙。”

“我们可以慢慢地等。”老夫人答道。

随后，秘书就没再理会这对老夫妇，她断定这两个乡下人等得不耐烦了，会自行离开。没想到，过了几个小时之后，两位老人还静静地坐在那里等候。

无奈之下，秘书只好走进办公室，对校长艾里奥特先生说：“有一对老夫妇已经等了几个小时了，您能见他们几分钟吗？”

校长无奈地叹了口气，点头同意了。很明显，他不愿意花几分钟时间见这两个老人。特别是当他看到老人的衣着后，一度认为老人破坏了会客室的环境。

接着，校长板着脸，傲慢地走到老夫妇面前。老夫人首先开口了：“我们的儿子曾在哈佛读了一年书，在这里的日子是他一生中最开心的时光。没想到，一年前他在意外事故中丧生了，所以我们想在校园的某个地方盖一座建筑，来纪念和怀念他。”

听到这里，校长不但没有被打动，反而被激怒了。他粗声粗气地说：“夫人！我们不会为任何一个在哈佛读过书并离世的人建雕像。”

“哦，不，不。”老夫人赶紧解释道，“我们并不是说要在哈佛建雕像，而是捐一座建筑。”

校长瞪大了眼睛，紧盯着这两个衣着朴素，乃至有些破旧的老人，然后说道：“一座建筑！你们知道一座建筑要花多少钱吗？在哈佛，学校的建筑物价值超过 750 万美元。”

老夫人听完校长的话沉默了。过了一会儿，她转身对丈夫说：“建一所学校总共就花这么点钱吗？那我们为什么不建一所属于自己的学校呢？”

于是，他们就投资建了斯坦福这所世界闻名的大学。

很多时候，失败并不是因为我们技不如人，也不是缺乏成功的机会，而是在心理上默认了一种固定不变或狭隘的看法。正是这种意识让人们觉得某个目标不可能实现、某个做法不被允许，从而在很大程度上囚禁了自己的思想，导致了“偏见”的产生。

偏见之于正见，二者互相伴随，有时候还会纠缠在一起，不容易甄别。摆脱偏见最好的武器是包容。一个偏见较少的人，错误就会少一些，视野会更大一些，成功的机会也就更多。因此，学会宽容才是战胜偏见最好的方法。那么，如何拥有一颗宽容的心呢？

对于宽容，可能很难有一个准确的定义，因为它不仅是一种行为，更是一种智慧。不计较就是宽容的一个重要表现。执着于他人的错误，不仅会限制自己的思维，而且会阻碍自己迈向成功。忘却也是宽容待人的一个好办法。忘却昨日的纷扰是非，忘却他人对自己的诋毁和侮辱，不用别人的错误惩罚自己，这样才能有快乐的心情。

受到外界环境影响，人们习惯戴着有色眼镜看人、做事。很多时候，你不喜欢、看不起某个人，并不代表对方真的糟糕，而是内心的偏见在作怪。所以，别被他人的情绪左右，成为一个有主见的人，你会更加成熟，并富有魅力。

许多人在重组自己的偏见时，还以为自己是在思考。学会公正客观地看待身边的人和事，并免受外界不良情绪的干扰，你才能成为一个持有正见的人，赢得外界的尊重。

忘记失败带来的伤痛

与其在失败面前黯然神伤，不如打起精神迎接新的战斗。

人生的道路是坎坷、曲折的，一次惨痛的失败往往会把我们推到进退维谷的境地，甚至会跌入万丈深渊。其实，失败有时是一个戏剧性的环节，任何苦难的背后都有更大的福分。所以，我们要忘记失败带来的伤痛，迎接更美好的明天。

许多时候，我们会因自己的错误选择而失败。不过，即使选错了也不必后悔，只要就此止步，忘记伤痛就可以重新开始。

成功总是青睐于那些不轻言放弃的人，因为他们即使身在绝境，仍然坚持自己的梦想。上帝有时候也会打个盹儿，为你开错窗，如果你认命，便会沿着错误的方向走下去，但如果你不服输，拼命地在铜墙铁壁上用自己的智慧和双手打开另一扇窗，上帝也拿你没有办法。因为，上帝也喜欢执着的人。

乔安娜·凯瑟琳·罗琳是一个普通的小女孩，和别人没什么区别。

由于她没有出色的外表，聪明的头脑和显赫的家庭，所以就读的学校也是一所很普通的大学。不过，她的想象力非常丰富。

在上大学期间，她除了努力学习之外，经常去图书馆看一些童话书。像她这个年龄，仍对童话故事情有独钟的人确实不多见。

毕业之后，25 岁的罗琳选择了向往已久的，具有童话色彩的葡萄牙。她在那里找到了一份英语教师的工作。工作之余，她还是会继续畅想自己的童话世界。

不久，一个年轻编辑走进了她的生活。这个青年人帅气、幽默，且多才多艺。两个人一见钟情，很快就步入了婚姻的殿堂。

可是，罗琳的奇思异想让他苦不堪言，他开始慢慢疏远她，并和其他姑娘交往。仅仅一年多的时间，他就抛下罗琳和几个月的女儿走了。这对罗琳来说，是一次沉重的打击。

“屋漏偏逢连夜雨”，离婚不久，罗琳又被学校解聘了。失去了经济来源之后，她只能回到英国，靠政府的救济金生活。

然而，婚姻和事业上的失败并没有让罗琳放弃自己的梦想，她依然喜欢童话。有一次，她领取救济金的时候，坐在冰冷的椅子上等着地铁。突然，她想象中的一个童话人物形象涌上心头。回到家，她铺开稿纸，多年的积累让她的灵感和创作热情一发不可收。

几个月后，第一部长篇小说《哈利·波特》终于完成了。罗琳找了好多家出版社，但都遭到了对方的拒绝。经过多方努力，终于有一家小出版社给她出版了。

没想到，书一上市就非常畅销，销量达到了几百万，这让出版商很吃惊。后来，她又陆续创作了一系列童话作品，结果在市场上非同凡响。

现在，乔安娜·凯瑟琳·罗琳位于“英国在职妇女收入榜”之首，被美国的《福布斯》杂志排在“100名全球最有权力名人”的第25位。她也因此过上了舒适的生活。

由此可见，人在处境艰难、怀才不遇的时候，不要因一时的失败而放弃心中的梦想。如果想有所成就，就应该善于在“顺”与“逆”“苦难”与“安逸”的环境中自我调节。

其实，人生命运的好坏完全取决于自己的心态。一个人不可能永远幸运，也不可能永远被厄运纠缠。对于失败所带来的伤痛，我们应学会忘记，或化悲痛为力量，全身心地投入到学习和工作中，最终实现自己的梦想。

生活在世界上的每个人，都会有失败的经历。面对失败时，人的心态不同，最后的命运也会有所不同。有的人在经历了失败之后，就沉浸在伤痛之中不能自拔，致使最后一事无成，甚至还会被淘汰出局；而有的人在经历了失败之后，能痛定思痛，化悲痛为力量，最终实现了自己的人生价值。

身上不要永远背着仇恨袋

你对外界表现出什么样的态度，就会把什么样的人吸引到你身边。

仇恨来自多个方面，也许是遭到了对方侮辱、打击，也许是亲人或朋友遭受了诋毁。因为受到外界攻击而愤怒，进而产生仇恨情绪，是正常的情绪反应。但是时过境迁之后，别永远背着仇恨袋，那是一种负荷。

哲学上讲究辩证法，凡事都可以转换。别人说了什么，做了什么，如果有积极的意义，那么可以关注一下；如果给了你一个仇恨的袋子，让你无法呼吸，还是趁早扔掉为好。把有限的精力投入有意义的人生中去，才是正确的选择。

在西方社会，流传着这样一个寓言故事。富翁有三个儿子，日子一天天过去，孩子们长大了。他决定将财产全部留给其中一个儿子。究竟给谁呢？最后，富翁想了一个办法，让三个儿子分别游历世界一年，看谁能做成最高尚的事，那么谁就可以继承自己的财产。

三个儿子照着父亲的话做了，并在一年之后回到家里。这一天，富翁把三个儿子召集到一起，让他们讲讲这一年都经历了什么。

大儿子得意地说：“我到一个贫困落后的小村庄旅行时，碰到一个乞丐掉进河里。于是，我奋不顾身地跳进河里，将其救起，还给了他一笔钱。”

二儿子不甘示弱地说：“我在游历的时候遇到一个陌生人，他十分信任地将钱财交给我保管，结果意外身亡。但是，我没有独吞那份钱财，而是全部还给了他的家人。”

富翁听了点点头，又问三儿子遇到了什么事。

三儿子说：“我没有哥哥们的经历，我一出门就碰到了一个坏人。他想抢我的钱，一路跟着我。经过悬崖时，我看到他正在崖边的树下睡觉。当时，我只要一脚把他踹下去，就可以免除麻烦。但是，我放弃了，转身离开。后来，又担心他会跌落悬崖，于是回去把他叫醒了。这算不算高尚的事情呢？”

富翁听完说：“见义勇为，拾金不昧，都是道德赋予每个人应该做的事情。而有机会报仇却放弃，还能够帮助仇人，这才称得上是高尚的行为。”

于是，三儿子继承了富翁的全部财产。不过，随后他仍旧把财产平分给了两个哥哥，令富翁啧啧称赞。

别让生活中的误解和矛盾打扰你，更不必为此耿耿于怀，甚至对他人怀恨在心。人生就是不断地赶路，何必背着那么多仇恨的袋子呢？宽容伤害你的人，甩掉内心的嗔怪情绪，做到微笑前行，你会成为最快乐的人。

不让仇恨的情绪缠绕你，最好的办法就是将其转化为一种包容心理。战胜敌人不是最大的胜利，感动对方、化敌为友才是大智慧。法国大文豪雨果说过：“世界上最宽阔的是海洋，比海洋更宽阔的是天空，比天空更宽阔的是人的心灵。”一个人能够放下仇恨袋子，包容他人，不管在任何地方都会交好运，拥有美满的人生。

放下仇恨，学会包容，是一种至高无上的美德。它洗涤人的心灵，帮人跨越一切河流、山川，找到新生。

第14章 不妒忌

永远不在自己的世界里羡慕别人

攀比是最不可取的心态之一。静下心来独立思考，不被外界的杂音干扰，不被他人打乱自己的节奏，生活就会有条不紊，内心就会安定自然。

尝试着改变一下心性

要对得起自己的良心，这将正确地引导你做好每一件事情。

人们在生活中会对现实形成稳定的态度，以及与之相适应的习惯化的行为方式，这就是“性格”。每个人的性格形成都经历了日积月累的过程，也奠定了稳定的心理状态与情绪特点。因此，观察一个人的情绪反应，可以从性格入手。

其实，每个人身上固有的标签都来源于过去的经历，是以往岁月的某种印记。正如桑德伯格所说：“过去哦，只不过是一堆灰烬而已。”过去的所有“自以为”会令人懒惰、愚蠢，认为没有必要花气力改变自己，从而心安理得地保持现状。

人们常用某种既定的评价为自己辩护，当找不到其他理由为自己的错误、不作为做挡箭牌时，就会摆出一副我行我素的样子。这实在令人痛惜不已。

爱丽莎是一个性格内向的女人，结婚之后，为了照顾孩子，她甘愿做了家庭主妇。后来，为了支持丈夫的事业，她来到西雅图这个陌生的地方。经过一段时间的努力，她终于在这里找到了一份工作，开始了全新的生活。虽然跟公司的同事还不太熟悉，但她一直都在努力与大家建立友谊，并认真完成每一项任务。

然而没过多久，爱丽莎开始变得无精打采，对任何事都提不起精神。即使是一件小事，也会引起她的不安、烦躁。面对家庭生活，她也找不到丝毫快乐。孩子的成绩不好，她会忧心忡忡；丈夫的无心之语，她会黯然神伤……

可以说，几乎每一件事情，都会在爱丽莎的心中盘踞很长时间，这极大地影响了她的生活和工作。为什么到了一个新的地方，爱丽莎会性情大变？以前，她完全不是这种个性。

有一天，她实在坚持不下去了，就拨通了心理咨询专家的电话。听完一番倾诉之后，心理专家提出了一个建议："把令你沮丧的事放下，洗洗脸，修饰一下仪容，这样可以增强你的自信。然后，想象自己就是世界上最快乐的人，并装出高兴、自信的样子，这样你的心情就会慢慢地好起来。"

听了心理专家的话，爱丽莎虽然有些怀疑，但还是决定照着这个方法试一下。十天后，她兴冲冲地给专家打来电话："我从来没有发现生活竟然如此美好！我每天都感觉劲头十足，充满活力。丈夫和同事都说我像变了一个人，还说我变漂亮了！没想到强装自信，信心真的会来；装出好心情，坏心情竟然真的消失了！我觉得自己之前那种内向、不自信的性格完全改变了！"

在研究众多成功者的案例后，一位新加坡的心理学家认为，没有天生胜者或失败者的性格，每个人都具有多面性，环境与教育决定这个人会发展哪一方面的性格。一些社会心理学家更认为，人的性格本身并无好坏优劣。

不同个性的人对待同一个事物，会产生不同的心理体验。性格的情绪特征表现多样，具体来说分为下面几点：

首先，性格主导人的心境。有的人经常欢乐愉快，有的人经常抑郁低沉，有的人经常心情安静，有的人却不安和激动，这显然与每个人的性格有莫大关系。

其次，性格不同的人会产生不同的情绪感染程度。情绪受到意志、性格控制，具有很强的差异性。比如，看到惊悚的场面，不同的人会产生不同的情绪反应——有的人尖叫起来，有的人略微吃惊，情绪感染程度明显不同。

再次，性格决定了情绪持续时间的长短。人们产生特定的情绪反应后，不同性格的人持续的时间长短不同。比如，遇到挫折以后，性格乐观的人很快就能调节心情，变得积极起来；而性格抑郁的人会长时间情绪低落，不良情绪会持续很长时间。

虽然人的性格形成与生物遗传因素有关，但艾森克的人格纬度理论却表明，性格可以在纬度上移动，并不是一成不变的。人们对现实的态度和行为模式结合在一起，构成了一个人独特的性格，从而容易区别于他人，也形成了特定的情绪反应机制。

不过，性格并不是一成不变的，人的性情也会在调整后产生变化。如果你心情不佳，心理问题严重，不妨通过积极的行为和自我暗示进行自我修复。时间一长，人的性情会发生很大变化，性格也会得以重新塑造。

这个世界上，没有谁注定渺小，也没有谁注定一事无成。只要在观念上彻底给自己松绑，以全新的眼光认识自己，你就能活出一个全新的自我。与其活在别人的世界里，为何不做回自己呢？

完善自己胜过忌妒别人

人与人之间只有很小的差距，但是这种很小的差距却造成了巨大的差异。

忌妒和喜怒哀乐一样，是人类一种非常普遍的心理。许多人有过这种感觉：不喜欢与那些处处比自己强的朋友在一起。因为他们往往有很深的家庭背景和学历，事业上得到了上司垂青和赏识，工资非常高，爱情也很甜蜜。

总之，与他们做比较，最终都会败北，令人感觉非常自卑。于是，你开始情不自禁地暗暗忌妒对方，为什么他的运气那么好，处处胜过自己。其实，有时候我们也意识到了自己的忌妒心理已经有些过火了，然而这个时候往往已经无法控制自己了，内心的忌妒之火总是无法熄灭。

显然，忌妒心理并不会给我们带来任何好处，因为谁都无法从忌妒中感到幸福，别人也不会因为你的忌妒而收获什么。

其实，忌妒意味着你看到了别人的闪光点，没有看到别人失意的一面。换个角度思考一下，那些超越你的人其实也只是表面风光，在这风光的背后也有难以想象的困难，以及无数辛酸。你需要做的是学习对方的可贵之处，通过努力赶超对方，而不是让忌妒的烈火毁了自己。

如果你发现自己有忌妒心了，没有必要大惊小怪。对于别人有一点儿忌妒也不见得全是坏事，如果能够合理控制的话，它反而能够成为前进的动力。因为一个人能忌妒，首先说明他有一定的好胜心理，并且认为只要自己通过努力，就一定也能达到相应的高度。

一个事业非常成功的女经理说过："如果没有对同学的忌妒，我也许永远都是一个名不见经传的小客服。可是当我看见一位大学同学竟然开起了豪华轿车的时候，我再也无法控制自己的情绪了。因为这个同学原来只是一个非常普通的室友，那时候学习根本没有我好，在学校也没有我出名。我一向觉得自己比她强，现在她竟然那样成功，我实在受不了。于是最后我决定化忌妒为力量，因为我坚信，我并不比她差，既然她可以成功，那么我也一定能成功。"

像这位女经理那样，化忌妒为力量，才是对付忌妒最好的办法。而如果只是单纯地忌妒的话，并不能给现状再来任何的改变，反而有可能使自己的心理变得更加极端。而当你积极行动起来的时候，一方面感觉到自己在进步，与对方的差距越来越小了，另一方面也会因为事业而忙碌，根本没有时间去忌妒别人了。

其实，任何人都有自己的独特优势，也在某些方面是处于劣势的。所以，当下次忌妒别人，感觉到别人在某些方面超过自己时，不妨多想一下自己的优势。一旦找到努力的方向，你也能经过一番奋斗完成逆袭。

总之，忌妒并不可怕，可怕的是你不能战胜它，你不能化忌妒为前进的动力，而是变成了对别人的恶意诅咒。那样你自己将永远生活在痛苦之中，别人也会受到伤害，最终的结果将是伤人伤已。

其实，你永远不会是这个世界上最强的人。因为无论你如何强大，世上总有人比你更漂亮，更有钱，更有才能，也更幸运。那么与其为了这些根本不可能改变的事情而烦恼，为什么不好好地享受自己所拥有的一切呢？

攀比很容易导致心理失衡

生活中习惯与人攀比，会让自己活得不自在，并带来许多不必要的压力。

人和人之间没有可比性，每一个人生下来都有自己独特的体貌特征，而且后天受到的教育和社会经历都不一样，所以大家都是独特的。然而生活在群体中，人们会不由自主地与周围的人比较，比长相、金钱、地位，等等。

显然，如果拿自己的短处和别人的长处相比，则很容易导致心理失衡，引发焦虑情绪，影响正常的工作和生活。

其实，许多时候与人攀比是毫无意义的，这样做只会扰乱自己的心性，失去分寸感，成为情绪的奴隶。而如果把有限的精力放在如何提升自我、改变自我上面，相信一定会有令人惊喜的成就。

在英国，有一个关于“攀比先生”大卫的故事，给许多人带来了有益的启示。

邻居盖了一幢别致的三层楼房，美丽的花园、大气的车库、宽敞的卧室令人艳羡。攀比先生大卫看到这一切，心里十分气愤：“哼，难道只有你家有钱盖房子吗？明天我就把房子拆了，然后盖新的！”

第二天，大卫真的把那幢五十年的老房子拆掉，还找来了施工队，让他们盖一幢五层的别墅。并且，他特别强调新房子要比邻居家气派。

在施工过程中，大卫异常挑剔，多次提出返工。最后，施工队忍无可忍，生气离开了。然后，大卫又找来其他施工队，但是都没合作成功。结果，新房子没盖起来，老房子也拆掉了，最后大卫只能在邻居的新家旁边搭了一个草棚。

五十岁的时候，大卫还没有成家。其实，他年轻的时候有过一段恋爱经历，双方相处很融洽。那么，为什么大卫后来一直单身呢？原来，镇上一个光棍曾经嘲笑大卫，说他没本事像自己一样单身一辈子。一气之下，大卫竟然赶走了女友，并声称自己要单身一辈子。从此，再也没有姑娘愿意和他相处了。

大卫只活了60岁，而他去世也是因为与人攀比。当时，一位老人随口说自己比大卫先死。结果，大卫气愤不过，竟然喝安眠药自杀了。据说，他还给那位老人留了一句话："我终于比你先死了。"

很多人看了大卫的故事会笑，不过这未尝不是生活中你我的写照。凡事过分计较，比工资、比学历、比吃穿，这种攀比令人情绪失衡，变得焦虑不堪。其实，焦虑不是因为生活不够美好，而是因为太看重别人的生活，而失去了自我。

生活中保持一种良好的心绪，不与他人攀比，就会少一些焦虑和忧思。这个世界上本来就没有绝对的公平，如果总是怀着一颗攀比心工作、生活，就无法摆脱心理失衡的窘境，会平添许多痛苦和无奈。

做最好的自己，不活在别人的影子里，自然会少了患得患失的忧虑。在纷繁复杂的人生里，平平淡淡才是常态，永远活在自己的心境中，就不会被外界打扰。

攀比是最不可取的心态之一，静下心来独立思考，不被外界的杂音干扰，不被他人打乱自己的节奏，生活就会有条不紊，内心就会安定从容。

相信自己不是无用之人

激励成功致富人士的内心去认定伟大的目标……并善用能帮助自己施展抱负、达成梦想的条件，那是成功意识。

研究表明，猜疑情绪大多源于内心的不自信。有的人听到别人的谈话，会本能地认为在嘲笑自己，所以对每个人都充满了戒备之心。

显然，消除猜疑心理应该从相信自己做起，相信上帝创造每一个人都有它的道理。每个人来到这个世上，必有他存在的理由。世界上没有两片完全相同的树叶，人也一样。善于发现自己的独特之处，找到自己的闪光点，有助于变得积极自信。

自卑的人大多妄自菲薄，任何时候都缩在一角，不敢表现自我。如果始终有这种心理，就很难有大的作为，生活也会变得灰暗——凡事都在别人的影子下进行，听别人指挥。

生命掌握在自己手中，你应该相信自己的才能，不断挖掘身上优秀的品质，克服自卑心理，相信自己不是无用之人。成为乐观自信的人，就不容易染上猜忌情绪了。

提起1929年世界经济大危机，许多人印象深刻。当时，美国总统罗斯福成功带领国民度过了这场危机，受到世人敬仰，一度连任四届总统，创造了美国政坛上的奇迹。鲜为人知的是，这样一个强大的领导者在童年时期竟然是一个自卑的人。

小时候，富兰克林·罗斯福身体虚弱，经常被小伙伴欺负。这造就了他胆小怕事的性格特点。平常，他害怕见到陌生人，总是一副惊恐的表情。在校园里，他习惯一个人打发时光。课堂上，老师让他朗诵课文，也会令其紧张慌乱，语无伦次。结果，这招来了更多的嘲笑声，又加剧了他的自卑心理。

如果继续发展下去，小罗斯福很可能患上自闭症。幸运的是，他选择了积极面对，走出了不自信的泥潭。后来，面对同学们的嘲笑，罗斯福告诉自己："我一定要成为一个坚强自信的人，这个世界一定有我的位置！"

此后，罗斯福强迫自己参加各种活动——运动会、读书会，目的就是挑战自我，克服自卑。最后，他在辩论学会中找回了自我。业余时间，罗斯福还积极参加健身运动，身体日益强壮起来。精神和体质日益强劲，帮助罗斯福在政坛一路冲关，最后登上了美国总统的宝座。

每个人都有缺点，但是这不是你否定自我的理由和借口。即使存在缺陷，只要你能够改变想法，用一种平和积极的心态面对自我缺陷，就能够跳出自卑的阴影，重建个人优势，在人生舞台上找到属于自己的位置，实现生命的价值。

人们喜欢攀比，并因此变得悲观失望，最终心思敏感，容易猜忌他人。看到别人功成名就，开始怀疑自己的能力。这时候，你尤其需要一颗强大的心，选择逆势而上，找寻自我生命的价值。

世界对每个人都是公平的，它为每个人都预留了位置。请相信，你可以变得不普通，你是有用的人。内心坚定了，信念有了，就不会怀疑一切，生活就会变得安宁淡然。任何时候，相信自己都是最重要的事情。

不参与纷争才能独善其身

存在忌妒情绪的人伤害的首先是自己，因为他无法把时间、精力和生命放在人生的积极进取上。

在一个纷繁复杂的社会，越来越多的人选择独善其身，对于可以避免的麻烦，一般都是能不去参与就不去参与。毕竟个人能力有限，不可能都兼顾，再加上复杂的人际关系，促使大家都避免陷入各种纷争。

这是不是在为自己的冷漠找借口？选择独善其身不代表一个人冷漠，

有时候反而反映出一个人的生活态度。专注于自己的梦想与事业发展，让工作和人生变得更有价值，这件事本身就值得称颂。

那么，怎么样才算独善其身呢？最简单的就是避免陷入不必要的纷争。具体来说，是指将自己过剩的同情心和热情用在关键地方，例如看看书，旅游。而有些事情，关键时刻仍然要挺身而出，勇敢面对和承担。

有人会想，独善其身会显得不合群，毕竟一旦进入社会，有时候就会面对站队的问题，几乎没有人能做到一碗水端平。所以，有些人宁可冒着危险，也会主动选择陷入纷争，先下手为强。殊不知，保持内心清净平和，不对外招惹麻烦，本身就是功德无量的事。

首先，独善其身可以让自己更专注目标。

进入社会后容易犯的错误，就是目标多想法多，却没有一颗专注的心。看着碗里的想着锅里的，或者永远没有一个明确的目标，甚至是“朝三暮四”。这样不仅浪费了时间，也会迷失了真正的方向。

其次，独善其身可以让自己更了解自己。

社会变化很大，环境的变化，机构的变化，人员的变化，外部条件的变化，适应这些变化的最好办法，是了解这些变化和这些变化对自己的影响。由此可以发现，只有更好地了解自己的需求，自己的长处，才会稳稳当当地在变化中成长。独善其身的最大妙处，就是有时间好好地与自己对话，发现自己内心的声音。

再次，独善其身可以少受甚至不受他人的影响。

身处在一个推崇合作的时代，现实中很难单打独斗地工作，但合作不等于没有原则，或者是所谓的“同流合污”。独善其身代表了一种与人合作的原则和底线，让自己远离不必要的纠纷，对任何人都是一种福分。

最后，独善其身可以减少不必要的纷争。

社会是一个利益分配并不均衡的地方，所以难免产生纷争。独善其身的妙处在于不让自己有机会被这些不必要的纷争卷入其中。多一点独处，多一点自省，就能让自己身心简单而又平静，对利益的纷争隔岸观火，自然容易明哲保身。

不是所有问题都需要你参与解决，也不是所有问题都需要你当裁判。虽然有参与其中的冲动，但是大多数时候你要权衡利弊，尽量不要主动让自己陷入麻烦。不参与纷争才能独善其身，我们应该利用好有限的时间做出更大业绩。

第15章 不偏狭

决定你上限的不是能力，而是格局

心态决定状态，格局决定结局。有大格局的人能够将一件事放在长远的时间和辽阔的空间范围内审视，因而拥有更宽广、更开放的心智，并影响更多的人。

摒弃那些拖后腿的成见

如果你对人和事形成了固定的看法，往往会产生不准确的看法，或者做出错误的判断。

单纯根据表象或虚假的信息做出判断，很容易产生偏见。如果形成误判，做出与事实不相符合的决策，就会说错话，办错事。因为信息不周全而误判还情有可原，如果心理上对外部的人和事存在偏见，恐怕会吃大亏。

在不良情绪的驱使下，人们用固有的偏见为人处世，就无法看清事物的真实面目，会恶化与他人的关系，甚至带来惨重的损失。个人偏见浓重的人喜欢先入为主，这种思维定式严重影响人们的认知，无助于能力提升与局势优化。

眼睛的确很难准确判明所有事物，但是戴着有色眼镜看人却是不可宽恕的。此外，事物在不断发展、变化，如果用固有的眼光看待问题，也会形成特定的偏见，做出错误决断。

卡尔是一个黑人小孩，从小生活在美国纽约贫民区。虽然黑奴制度早就废除了，但是歧视黑人的观念仍旧根深蒂固。

十几岁的时候，卡尔因为在街上闲逛被警察抓住，而后入狱，受到了非人的虐待。在监狱中，遭受打骂是常有的事。后来，他实在无法忍受，便选择越狱，去当兵了。

在部队里，卡尔苦练拳术，因为他认为只有让自己强大起来，才能不被欺负。黑人身体素质好，卡尔的拳术大有长进。

退伍后，卡尔开始参加比赛，一时间风光无限。他获得了一个又一个冠军，成为名副其实的拳王。本来应该过上安稳富裕的日子了，卡尔却再次遭遇了牢狱之灾。

卡尔被警察诬陷，被判终身监禁，因为他们觉得一个黑人拳王会给社会带来危险。在监狱里，卡尔拒绝穿囚服，因为他不认为自己是有罪之人，结果遭到一顿毒打。

起初，其他狱友都畏惧卡尔，认为他是一个定时炸弹，会随意伤人。然而，相处一段时间后，大家发现卡尔是一个很有爱心的人，而且也很负责，不久大家竟然成了朋友。

在《偏见的本质》一书中，美国社会心理学家戈登·奥尔波特对“偏见”有过描述，它是“没有充分理由而消极地评价他人”。显然，白人对黑人的认识还停留在黑奴时代，不去考据真实情况就妄下论断，结果形成了错误的认知，也给当事人带来了巨大灾难。

受到偏见的影响，人们对世界做出缺乏理性思考的反应，盲目地行动，到头来误解了他人，也会伤害自己。令人担忧的是，很多人并没有意识到自己头脑中固有的偏见，仍旧在错误的道路上越走越远。

人们习惯用偏见代替理性思考，源于思维上的固定模式。抛弃头脑中固有的偏见，要学会谦虚为人，掌握科学思考的方法。此外，还要学会用发展的眼光看问题，主动全面地了解外面的世界。

对每个人来说，最大的敌人是自己头脑中固有的偏见。虽然这种心理的产生有一定原因，但是努力让自己成为一个理性、客观的人永远都不算晚。在漫长的人生中，让偏见遮蔽了视线，你会错过许多美丽的风景。

懂得回头是一种重要能力

既要持之以恒一路前行，也要适时停下来回头看看走过的路。

前进是生命中唯一的方向，只有不断向前走，才是对生命最好的诠释，才是对生命的负责，才是对生命最好的珍惜。但是，当前面的路走不通时，要懂得及时转身，回到正确的道路上来。

在漫长的岁月中，一些令人懊恼的事情总会不期而至。这让人压抑、苦闷，甚至陷入痛苦。其实，你的心情不该如此。面对已经发生的事情，就由它去吧，学会坦然接受会让自己更从容。如果仍然走不出失意的焦虑，那就果断转身逃离吧！

小时候，杰克和几个朋友在一间废弃的老木屋里玩耍。有一次，他从阁楼上爬下来的时候，左手食指上的戒指钩住了一根钉子，结果整个手指脱臼了。

一阵刺痛后，杰克吓坏了，手指失去了知觉。后来，那根手指废掉了，左手只剩下四根手指了。失去了才懂得珍惜，杰克无法承受缺少一根手指的事实，整天生活在自卑、焦虑中，陷入了无穷无尽的烦恼。

有一天，杰克和爸爸外出，在楼道里遇见一个开电梯的老人。令人吃惊的是，老人失去了左手，从腕部生生截断了。“太不幸了，比我还惨呢。”杰克心里默念着。

趁着等电梯的时间，杰克问老人：“请问，您少了那只手，是否觉得特别难过？”老人摇摇头，淡定地说：“不，不会的，孩子，我早就忘记了它的存在，已经习惯了现在失去左手的生活。你会为剪掉的头发闷闷不乐吗？”

老人一句幽默的戏谑，把杰克逗笑了。从那一刻开始，杰克释然了，不再为自己失去一根手指而烦恼。既然已经成了现在的样子，为什么不乐观面对呢？

在荷兰首都阿姆斯特丹，有一座建于15世纪的古老教堂。这座建筑上刻着一行字：“事情是这样，就别无他样。”勇敢面对现实，行不通的时候选择改变，人生就会减少很多痛苦和压力。

生活中总会有一些不如意、不开心的事情。面对这些烦恼，与其在纠结中苦苦挣扎，不如及时回头，离开现在痛苦的状态。愚蠢的人自寻烦恼，因为他们不懂得变通，缺少转换思路的机智，一旦遇到麻烦就认为这是倒霉的开始，并信以为真。聪明人面对各种烦恼，会选择躲避和改变，所以减轻了伤害和苦痛。

如果思考方式、办事理念都始终停留在原始状态，不曾做出改变，自然无法适应环境变化，也无法有效改变心境，重获快乐与幸福。研究发现，一旦被墨守成规的思维方式控制，人们对各个问题的判断、理解就会局限在特定范畴内，跟不上节拍，与周围环境不协调。

人是充满智慧的动物，告别懒惰、等待，学会变通、尝试，才不会沿着一条道路走进死胡同。许多有成就的人都有一颗开放的心灵，对新事物保持着高度热情，从不拒绝来自外界的批评声音，并乐于进行一切尝试。

显然，只有善于改变的人才能找到成功的路径。因此，陷入不良情绪的时候勇于改变自己，学会转换心情，自然能重拾快乐与自在。

聪明的人并非只知道往前冲，而是懂得在必要的时候回头看看自己身后的足迹与空间。面对眼前的艰难，尝试着换个方向，你会发现一个新世界。

了解一切，宽恕一切

那些心地善良，对人们的苦难心怀同情的人，总是拥有出众的人格魅力。

在肯尼迪·古迪的《怎样让人们变成黄金》一书中有这样一段话：“停下来，用数秒钟的时间比较一下，你如何关心自己的事情和关心他人的事情，然后你就会理解，别人也和你一样。而你一旦掌握了这个诀窍，就会像罗斯福和林肯一样，拥有了做任何事的坚实基础。换言之，和别人相处的关系怎样，完全取决于你在多大程度上替别人着想了。”

在很多情况下，也许会因为一个小小的情绪变化陷入心理危机，根本原因就在于双方“以牙还牙”的态度与行为。遇事多一分冷静，保持理性思考的能力，能有效规避情绪对抗带来的恶果。

纽约有一位出版商曾邀请卡耐基参加一个晚宴，席间碰到了一位出色的植物学家。因为卡耐基在植物学方面一无所知，所以觉得他十分有趣。卡耐基凝神静坐，认真倾听对方介绍许多外来植物和新产品的实验。卡耐基也拥有一个温室，所以获得了许多宝贵知识。

那是一个晚宴，现场有数十位各个领域的知名人士。但卡耐基却完全忽略了他们的存在，仅和这位令人着迷的植物学家交谈了几个钟头。临近午夜，卡耐基准备和大家道别。

这时，植物学家转身向主人极力恭维卡耐基，说他是“最能鼓舞人”的人。除此之外，还说了许多溢美之词来称赞卡耐基——一个“最有趣的谈话高手”。

最有趣的谈话高手？这倒让卡耐基有些摸不着头脑了。在谈话中，一直都是植物学家在讲话，卡耐基连插话的工夫都没有。除非卡耐基转变话题，否则根本无法与之面对面地沟通。

说实话，卡耐基有过转身离去的冲动，因为这种滔滔不绝的讲话有时令人生厌。但是，他控制住了情绪，没有选择情绪对抗，最终维护了大局。

在这个世界上，人与人之间因为偏狭、自私，无法容忍外界的某些东西，不知发生了多少悲剧和灾难，恐怕大文豪也不能描写其中的万分之一。一个人少了一颗宽容的心，不能容忍异于自己的东西存在，其实是一种愚昧，是野蛮人和暴徒的所为。

法国有句俗语：“能够了解一切事物，便能宽恕一切事物。”因此，我们只有先了解世间的万物，并尊重客观存在的差异性，才能在心理上成熟起来，成为一个真正的文明人。

面对矛盾与问题时，许多人会选择以牙还牙，迁怒他人，而不是将心比心，理解对方。那是因为采取第一种方法更简单一些，而且可能会感觉更好。这时候，他们心中往往只有一种想法：“我被愚弄了，对方不欣赏我，不尊重我”“害怕对方会伤害我，所以需要更深、更快、更多地伤害对方”。

这种想法是基于一种自我保护，当人们被这种恐惧感驱使而采取行动时，往往会变得盛气凌人。从根本上说，他们无法掌控自己的情绪，处于一种不成熟的心理状态，因此增加了许多烦恼，想极力改变自己或周围的人而不得要领。

人总有情绪低落的时候，也许是因为一个人，或者仅仅因为一件小事情，久久不能释怀。生活在复杂多变的社会环境中，不同的场合要采取不同的应对方式，扮演不同的社会角色。有的人对身边的人和事认识不清，由隔膜而误会，又由误会而发怒，实在没有必要。选择和解而非对抗，这样的人更能掌控情绪，进而掌控人生。

心理成熟度高的人更容易适应社会的变化，并且根据外部环境调整自己的行为，反过来再次达到心理上的相对平衡。遇到不如意的人和事，学会将心比心，这既是一种心理掌控术，也是高超的社交策略。

拓展心灵的深度与宽度

首先，你必须了解自己的内心，然后才能找到成功意识。

一位学生愁云满面地对自己的导师说：“老师，我最近很纠结。”

老师问道：“为什么？”

“有人说我是天才，日后必将大有作为；有人说我是名副其实的蠢材，将来不会有什么作为。老师，您说我到底是天才还是蠢材呢？”

“你认为自己是天才还是蠢材呢？”老师问道。

“我也有些迷惑了。”学生一脸茫然地说。

老师语重心长地说：“如果你对自己都感到迷惑，那么我就更无从判断了。不过可以肯定的是，无论别人怎么评价你，你永远是本来的样子。如果你的发展完全取决于别人对你的评价，没有自己的人生规划，那么你就是一个傀儡，不会取得任何成就。”

随后，老师谈起了自己早年的一段经历。

上小学的时候，有一次他考了第一，得到了老师赠送的一本世界地图。他很开心，整天捧着地图研究。一天，父亲让他帮忙拔草。他一边拔草，一边研究地图，结果把庄稼和草一起拔掉了。

父亲大怒，训斥道：“整天捧着地图研究什么？”他委屈地说：“我在看埃及在哪儿，等我长大了一定要去埃及。”父亲听完更生气了，说道：“什么？你还想去埃及？别做梦了，你这辈子都不可能去那里！”

当时，他并不服气，心想：“父亲怎么会给我下这么奇怪的定论呢？难道我这一生真的没有能力去埃及吗？”二十年后，他第一次出国就选择了埃及。很多人对此表示疑惑，他说：“因为我的人生不能被别人设定。”

每个人每天都要接触很多人，包括父母、同学、陌生人等，他们的言行和思维或多或少都会影响到你。但是，你的生命要靠自己雕琢，不能让别人设计。那些人生由别人设计，并且照着别人的设定而生活的人，大多碌碌无为，只有对人生充满想象的人，才能不断超越自己。

很多人羡慕那些衔着金汤勺出生的人，一出生就被父母安排好了一切，按照既定的步骤安稳地前进，不用自己拼搏，不用历经风雨，但这真的是一种幸运吗？其实，将自己的人生完全交给别人安排，并不值得羡慕，因为你无法依靠他人一辈子。

让别人操控自己的人生，会彻底失去自由。无论别人能够帮你多少，最终上路的还是你自己。那么，如何拓展心灵的深度与宽度呢？

第一，排除杂念，秉持坚定的信念。

无论是凡夫俗子还是盖世英雄，总有遭人批评的时候。事实上，一个人越成功，随之而来的非议也会越多。此时，真正勇敢的人会排除杂念、秉持信念，勇往直前。

第二，敢于冒险，突破自我。

世界到处是机遇，也到处是风险，想要活出不一样的人生，必须具备随时迎接挑战的心理素质。无论眼前的境遇多么糟糕，都不必忧虑，大不了从头再来。生活中没有那么多值得畏惧、担忧的事情，情商高的人勇于抗争到底。

过于较真是一种心理疾病

你必须控制住自己的表现欲望，不要尝试说服对方，而应通过潜移默化的暗示让对方接受你的观点。

“认真”和“较真”虽然只有一字之差，但是代表了两种完全不同的心理。认真的人专注于事情的完整性、正确性、合理性，所以效率高，进度快。而较真的人痴迷于事情的死角、细枝末节，所以容易一叶障目，效率低下。

人活得过于较真，是一种心理疾病。心思过于执拗，喜欢钻牛角尖，做事不懂拐弯，容易揪着一件事不放，这样既会伤害你与他人的关系，也会破坏心情，无法轻松自在。

凡事分轻重缓急，有主有次，才能游刃有余。事事都较真，既没那个时间，也没那个精力，会在较真中错过更加重要的东西。学会区分各种情况，对症下药，该认真的时候滴水不漏，该放松的地方一笑而过，才能把事情处理得圆满、妥当。

劳拉经常和老公吵架，原因就是两个人都喜欢较真，彼此都不懂得谦让。没有人肯主动低头，那么矛盾就不可避免了。

有一次，两人准备出门，丈夫对劳拉说："亲爱的，今天去吃法国大餐吧！"

劳拉生气地说："为什么？法国菜那么贵！"

丈夫神秘地说："今天是我们结婚十周年纪念日，值得庆祝一番啊！"

劳拉更生气了："纪念日是后天，你怎么能记错呢！"

"不对，就是今天！"丈夫坚信自己没有说错。

两个人争来争去，谁也不肯退让。最后，劳拉气得跑进屋，拿出结婚证，让老公看上面的日期。结果，老公摔门而去。

这件事到底该责怪谁呢？其实，两个人都有错，因为太较真不主动让步，小问题也会成为大麻烦。因为一时争执，错过了一个美好的夜晚，破坏了夫妻感情，又何必呢？

不涉及原则性的问题，闭一只眼睛就过去了，不要抓着问题不放，忽略对方的感受。凡事对人宽容一些，包容他人的失误和缺点，就会收获融洽的关系，彼此的心情自然轻松快乐。

对人和事太较真，让自己的心情处于一种紧张状态，容易导致心理扭曲，对局面失去正确的理解和判断。这种局面得不到改变，整个人都会变得不可理喻。

如果不能放下偏执情绪，做事就会陷入死胡同。在处理感情问题时，这一点体现得尤其明显。在婚姻关系中，夫妻双方经常针对生活中鸡毛蒜皮的小事纠缠不清，到头来弄得自己疲惫不堪。实际上，生活就是由这些琐碎的小事组成，如果事事计较，无疑会给平静的生活带来麻烦，最后不欢而散。

如果办事只知道直来直去，不懂得灵活应对，一般情况下都会碰得头破血流，就算是最后勉强取得了预期的效果，估计也已经花费了超出原来几倍的人力、财力、物力。所以，不妨变通一下思路，充分认识一下事情的情况，审时度势，变换思路，以最少的人力、物力、财力，圆满地把事情解决。

静心

遇事不较真，说起来容易做起来难。生活中，如何避免钻牛角尖呢？最重要的就是思想开放、思维活跃，不要拘泥于一种方法、一种方式，要敢于打破常规，改变自己的思维定式。

当我们遇到问题的时候，要多想一下为什么，解决的办法有几种，尽可能多地了解事情的真相及原委，尽可能客观正确地判断趋势，还要多听旁观者的意见，必要时借助一下外力，充分做到灵活应对复杂局面。

第16章 不放弃

世界不曾亏欠每一个努力的人

不努力，谁也给不了你想要的生活。在有生之年，努力是一辈子的护身符。当你走路喊累的时候，请不要忘记，还有人正跪着前行。

勇敢昂起自信的头颅

当一个人真正准备好做一件事情的时候，他就一定能够取得成功。

自信的人，即使身在乡村低矮的屋檐下，也能昂起高傲的头颅；缺少自信的人，即使身居在宫殿中，也会垂头丧气，心灰意冷。我们都是在战胜自卑、建立自信的过程中成长的。

生活中，几乎每个人都知道自信对事业和人生的重要性，但这并不等于就拥有了自信。实际上，缺乏自信一直是困扰人们的大问题。据调查结果显示，缺乏自信的人占75%。在生活中，畏缩、不安，对自我能力持怀疑态度的人，几乎随处可见。他们总是怀疑自己的能力，认为事情不可能顺利进行。

此外，他们也不相信自己可以拥有心中想要的东西。于是，他们往往退而求其次，只要拥有些许成就便心满意足。

玛丽由于家境不好，自己长得又不够漂亮，所以很自卑，走路的时候都低着头。

她过生日这天，妈妈特地给了她一点钱，让她买自己喜欢的东西。这点钱虽然不多，但对玛丽来说，却是如获至宝。因为她终于可以买自己喜欢的头饰了，长这么大，她连一根像样的头绳都没有。

当她兴冲冲地来到饰物店时，一眼便看中了一只绿色的蝴蝶结。当她付过钱，将蝴蝶结戴在头上时，店主不断地夸她长得漂亮。虽然玛丽不信，但还是挺高兴，不由得昂起了头。由于她急于让大家看看她的蝴蝶结是否漂亮，出门跟别人撞了一下都没在意。

玛丽走进教室，迎面碰上了老师，老师爱抚地拍拍她的肩说：“玛丽，你抬起头来真美！”玛丽高兴地说：“谢谢！”而且，她暗恋已久的那个男生，也向她投来了赞许的目光。

这一天，她得到了很多人的赞美。她想一定是蝴蝶结的功劳，可是，回到家里，在镜子前一照，头上根本就没有蝴蝶结。这时，她才想起一定是出饰物店时与人碰了一下弄丢了。

不过，玛丽知道，她以后再也不需要蝴蝶结了。

这是一个真实的故事，这位叫玛丽的小女孩现在已经是著名主持人了。其实，每个人或多或少地都有自卑心理。只要你勇于昂起自信的头颅，就会有意想不到的惊喜在等着你。除此之外，我们还可以通过以下方法树立自信。

第一，学会自我激励。

人的自信是一种内在的东西，需要由个人来把握和证实。所以，在建立自信的过程中，一定要学会自我激励。有勇气面对别人的讥讽和嘲笑是自我激励的办法之一。但是，这种激励只是一种临时的办法，如果想长期在自己的内心建立自信，就要不断地激励自己，直到形成习惯。

第二，不要让自己成为别人。

模仿是上帝赋予我们的秉性，也是我们的能力之一。在学习、工作之初，特别是从事艺术职业的人，在从业之初模仿是可以的，甚至是必要的。但是，千万不要让自己成为别人，一定要找到自己的独特之处，造就自己、显示自己。如果一个人整天生活在别人的影子里，那他永远也不可能找到自信。

第三，为自己确立目标。

确立目标既是人生成功的需要，也是激发人的潜能、最大化地创造价值的需要。所以，有了目标，我们就会想方设法为达到目标而努力，也就不会为是否自信以及目标以外的事情所烦恼。

不放弃就有成功的可能

很多人在遇到暂时的打击时会选择放弃，这是导致失败的普遍原因之一。每个人都会经常犯这种错误。

世上的事，哪怕再苦、再难，只要我们不放弃，不断努力去做，我们就有希望，就能战胜一切困难，就有成功的可能。

不幸的是世界上有太多的放弃者。做什么事都会遇到挫折与困难，如果轻言放弃，怎么会有光明的未来？有的人坚持一次就放弃，有的人坚持两次后放弃，也有的人坚持了五次后放弃。无论如何，放弃的结果都是一样的——失败。

“千万不要把一次失败和最后的失败混为一谈。”德国学者斯科特·菲茨杰这样告诉我们。一次失败，可以让我们学到很多，它是迈向成功的一小步。如果我们继续向成功迈进，失败越多，就离成功越近。而最后一次失败，是永远的失败，那是和成功背道而驰的。如果把一次失败当作永远的失败，那么就会离成功越来越远，只能一生与失败为伴。

许多人一遇到失败便不再努力，觉得失败了就不可能再成功，仿佛那是一座不可逾越的高山。其实，再高的山也可以翻越，只要我们还有翻越高山的勇气和信心。不要被一次次失败打倒，永不放弃就有成功的机会。

“挫折和失败使我们变得聪明和成熟，可以说，没有失败便不会有成功。”这是华德·迪斯尼的人生彻悟。

少年时的迪斯尼来到美国的堪萨斯城，他想成为一个艺术家，于是他到明星报社应征，然后再找机会实现梦想。报社主编审查了迪斯尼的作品，觉得它们没有新的思想，便没有录用他。这次失败令他万分沮丧。

身上已经没有钱了，他如果再找不到工作，将会流落街头。

迪斯尼临时找到一个替教授作画的工作，虽然报酬很低，但他可以勉强为生。他借用车库做办公室，充满汽油味的车库没有影响他的心情，他在艰难的生活中忘我地工作。

后来他去好莱坞摄制一部卡通片，真是不幸，作品失败了，他因此穷得身无分文。没有工作，没有钱，穷困潦倒的迪斯尼并没有气馁，他画了一幅米老鼠的卡通画给好莱坞的导演，被导演看中，从此米老鼠成为世界上家喻户晓的卡通动物。

如果迪斯尼第一次失败后就放弃了自己的梦想，那么就不会有米老鼠，更不会有他以后的成功。成功属于过去，它不能证明你将来也有花环；失败也永远属于过去，它不能证明你的明天也一样是冰天雪地。

伟大在于坚持。成功只是无数种可能中的一种，这种可能性远远要比失败小得多。获取成功最重要的一点就是坚持，特别是在失败之后的坚持。因为只要你锲而不舍地坚持，你就还有机会。如果你已经放弃了，当然你也轻松了，不过也就意味着你已经没有成功的可能性了。

当你已经精疲力竭，觉得自己没有成功的可能，不妨试着告诉自己：不要放弃，我可以再试一次，没有什么能够打倒我。任何成功都来之不易，而坚持其实就是将明天希望的种子撒播在田地里。只要这种子在，只要自己没有放弃，那么在继续拼搏之后，无论有多少风吹雨打，终有一天种子会开花结果，最终硕果累累。

培养强大的抗挫折能力

如果战胜不了挫折，最简单又合理的做法就是放弃，这也正是大多数人所做的决定。

人类经历的每一次不幸并非一种灾难，最大的逆境对于常人来说都是一种幸运。与困难做斗争不仅磨破了我们稚嫩的双手，也为日后更为激烈的竞争准备了丰富的经验。

哈佛大学医学家赫伯物·本林认为：“当一个人的身心过分紧张时，他的机体免疫能力便会被削弱。”也就是说，过度的压力和挫折会给人的身心带来创伤。要想生存，要想过得更好，就必须能够抵抗住这些挫折，增强自己的抗挫能力。

困难和挫折遍布周围，假如你不能抗击它，那么它会一步步蚕食掉你的快乐、你的成就感，甚至彻底毁掉你的职业前程。要知道，在沉重的挫折面前，做事效率会下降，而且郁闷、烦躁，心情极度糟糕，做什么事情都会不快乐，这对自己的成长和进步非常不利。

虽然，人们总是不可避免地在现实生活中遭遇各种各样的困难，但只要能够鼓起勇气，坚持下去，不在途中自暴自弃，用百折不挠的精神和执着的信念朝着目标迈进，锻炼自己的抗压能力，终有一天能够摆脱压力的困扰，成就自己。

请牢记，自己的路要自己走，不要让别人毁了你的前程。每个人的头脑中都应该充满积极和勇敢的信念，绝不能被挫折击垮，更不要将别人挖苦、嘲讽的话放在心上。年轻人经历挫折不过是人生的一个组成部分，是你攀登高峰时所必须经历的风吹雨打。

美国著名的电视节目主持人罗斯并不是一开始就进入了主持行业，经过多年的摸爬滚打，出色的抗压能力终于成就了其非凡的人生。

罗斯是一个对自己的未来有明确目标的人，很早就立志于播音事业，所以他积极奔走于各家广播电台。但是一直没人聘用他，原因是男性的声音不能吸引听众，不适合做播音主持。尽管如此，罗斯依然没有放弃。终于，他在纽约的一家电台找到了工作。但是，由于他观念比较守旧，跟不上时代的主题，不久之后就被辞退了。

没有经济来源，罗斯承受着压力，然而他始终坚持自己的信念。有一次，他去国家广播公司应聘，在与主管的交流中谈起了自己对倾谈节目的构想，而这位主管对此很感兴趣。

正当罗斯准备好具体的节目编排时，这位主管突然被调离了岗位，离开了广播公司，这无疑给满怀热情的罗斯泼了盆冷水。过了很长时间，罗斯再一次走进这家公司，向新任的主管介绍他的构想，令人欣喜的是，这位主管也夸赞这是一个好主意，答应采用该方案，不过他必须先在时政电台主持节目。

这无形之中给了罗斯很大压力，因为他对政治知之甚少，害怕不能胜任。但多年的失败经历锻炼了他的抗压能力，很快他就调整好了心态，积极准备各种材料，不分昼夜地练习。终于，节目在第二年夏天开播了。在当天的节目中，罗斯利用多年的播音经验，还有平易近人的主持风格，大谈对7月4日美国国庆的感受，又请听众打电话谈他们的感受。

这种邀请听众参与节目的方式让所有人都觉得很有意思，一时间，罗斯主持的节目成为最受欢迎的一档节目。罗斯通过自己的勤奋，战胜了多次挫折带来的压力而一举成名。如今的罗斯已经开办了属于自己的电视节目，为自己的节目担任主持人，他的观众达到900万人之多；并且罗斯多次获得主持人奖杯，成为美国广播事业上一颗璀璨的明星。

在采访中，罗斯这样说道："我遭人辞退18次，在这样强烈的压力面前，本来极有可能被吓退，做不成我想做的事情；结果相反，正是这些压力鞭策着我勇往直前。"

困难和挫折作为现代社会的隐形杀手之一，让我们每天的情绪都很低落，没有斗志，没有精力学习、工作、生活。我们有必要锻炼自己的抗挫能力，从而将外来的压力减小，释放自己，展现非凡的人生。人活一世，要好好享受生活，享受生命，在强大的压力下把生活过成自己想要的样子。为此，我们应该学一学减压方法，让自己的生活轻松起来。

首先，应该正确地评价自己，不要把目标定得超出自己的能力范围。这样在做事的过程中，就能根据自身条件，完成自己可以胜任的工作。

其次，要多与人交流，把内心的压力和烦恼倾诉出来，这样可以释放负面情绪，增强自信心。不仅如此，还要多角度地审视自己，挖掘自身的优点来对抗或弥补不足。

最后，我们应认识到应对挫折的能力可以分解为四个关键因素：即控制、归属、延伸和忍耐。控制就是认清自己改变局面的能力；归属是指承担后果的能力；延伸是指对问题大小及其对工作生活其他方面影响的评估；忍耐是指认识到问题的持久性，以及它对你的影响会持续多长时间。

一个具有高情商的人，一个真正聪明的人拥有极高的抗挫能力——也就是一个人对挫折的承受能力。抗挫折能力的大小，与人的经历有着至关重要的关系，也与人的意识、意志有关系。一个能够正确对待挫折、意志力较强的人，在同样的磨难面前，他的情绪波动相对会比较少，耐力相对比较高。

一个人抗挫折能力越强，其心理素质就越好，其成功的概率也越大。提升个人情商，一定要有较好的心理素质与较强的抗挫折能力。

别让思维惰性毁了你

如果一个人迟迟不肯行动，那么他很快会丧失自信心，终将一事无成。

明明昨天就应该完成的工作，结果犯懒一直拖到了今天；早就打算去探望远在国外的亲戚，可总不能顺利成行；上周末就需要大扫除，结果都到了这周末，依然不想做……几乎人人都有过类似的拖延经历，其实，这是“思维惰性”在发挥作用。

懒惰是人性的组成部分，在潜意识深处，人都是好逸恶劳的，表现在现实生活中就成了各种各样的拖延症。从心理学角度来讲，拖延往往会让我们为此背上沉重的心理负担：悔恨、愧疚、压力、烦躁、不安……

这些消极情绪只会让人更没工作效率。要想远离这种糟糕状态，就必须战胜思维惰性，养成主动行动的好习惯。

秦勇在周一上班的路上，就做好了一天的工作规划：上午做月度总结，下午草拟下个月的财务预算。

九点，秦勇准时到达办公室，打开电脑登录QQ，自动弹出的腾讯新闻中有一条很有趣的消息，他情不自禁地点开阅读，不知不觉就看了20分钟，原本打算开始写月度总结了，但发现办公桌上堆满了文件，杂乱无序的办公桌十分影响办公心情，于是他又拿出十几分钟收拾桌面。

月度总结好不容易开了头，一个投诉电话打过来，秦勇又放下手头的工作开始处理投诉的问题，等处理完已经十一点多，离午饭时间没多久了，反正月度总结也写不完，索性看看网页……

结果一整天过去了，原本打算下午拟好的财务预算，还一直处在搁置状态中，只能等第二天上班再处理了。

其实，秦勇的工作状态是很多职场人的真实“缩影”。拖延已经成了当今都市职场人的一种行为通病，但要想克服拖延却十分困难。正如加利福尼亚大学伯克利分校参加拖延治疗的一位学生所说：“拖延就像蒲公英。你把它拔掉，以为它不会再长出来了，但实际上它的根埋藏得很深，很快又长出来了。”

要想战胜心理惰性，彻底摆脱拖延症，就必须了解拖延的心理形成机制。相关研究者认为，最可能引起拖延的心理成因有四个：对成功信心不足，讨厌被他人委派任务，注意力分散且容易冲动，目标与酬劳的兑现太过遥远。

那么，该怎样远离“拖延”，养成积极主动的行为习惯呢？

第一，杜绝逃避。

随着互联网、电脑、智能手机以及平板电脑等快速发展和普及，网络已经成为人们越来越不愿意专心做事的罪魁祸首。面对挫折、困难、枯燥的工作、难以解决的问题等，人们常常会本能地选择逃避，而网络所提供的各种娱乐就成了人们暂时躲避压力的“乐园”。

逃避不能解决问题，只会让结果变得更加糟糕，所以不管面对怎样的困难和挫折，都必须杜绝逃避，必须用强大的意志力控制自己远离网络的诱惑，只有这样我们才有望战胜惰性，戒除拖延。

第二，立即行动起来。

如果人总是处于一种空想或思虑状态，那么自然就会变成“思想上的巨人，行动上的矮子”。在现实生活当中，空想与拖延往往是一对孪生姐妹花，如果做事总是瞻前顾后，前怕虎后怕狼，那么行动自然难免拖拖拉拉。

提高行动力是战胜思维惰性的一个有效办法，我们不妨有意识地强化“行动”观念，避免被毫无根据的空想和幻想阻碍行动的脚步。

第三，培养探险意识。

“好奇心”是人们行动的最原始驱动力，我们要保持对新鲜事物的好信心，有意识地培养勇敢、无畏的探险意识。可以有针对性地参加一些诸如跳伞、蹦极、攀岩等带有探险性质的活动，这有助于我们养成“迎难而上”的行动习惯，对克服思维惰性，跳出固化思维有很大帮助。

正如莎士比亚所说，“放弃时间的人，时间也会放弃他”。如果不能战胜思维惰性，那么等待你的将是无休止的拖延以及没有止境的恶性循环。所以，从今天开始，告别得过且过的拖延生活，积极行动起来吧！